水土保持措施水沙效应模拟及结构优化研究

陈卫宾　宋海印　张运凤　编著

黄河水利出版社

·郑 州·

内 容 提 要

本书在分析以往研究成果的基础上,通过耦合分布式水文模型(GTOPMODEL)及改进的修正通用土壤流失方程(RUSLE)构建了分布式水沙模型,并利用遗传算法对模型参数优化进行了研究,在此基础上对农艺耕作措施、生物措施及工程措施等不同水土保持措施的水沙效应进行了模拟计算,并利用实测资料对计算结果的合理性进行了分析。根据不同水土保持措施水沙效应,构建了水土保持措施结构优化模型,并利用人工智能算法对模型进行了求解。

图书在版编目(CIP)数据

水土保持措施水沙效应模拟及结构优化研究/陈卫宾,宋海印,张运凤编著.—郑州:黄河水利出版社,2017.5

ISBN 978 – 7 – 5509 – 1760 – 6

Ⅰ.①水…　Ⅱ.①陈…②宋…③张…　Ⅲ.①水土保持 – 研究　Ⅳ.①S157.1

中国版本图书馆 CIP 数据核字(2017)第 102746 号

组稿编辑:王志宽　电话:0371 – 66024331　E-mail:wangzhikuan83@126.com

出　版　社:黄河水利出版社
　　　地址:河南省郑州市顺河路黄委会综合楼14层　邮政编码:450003
发行单位:黄河水利出版社
　　　发行部电话:0371 – 66026940、66020550、66028024、66022620(传真)
　　　E-mail:hhslcbs@126.com
承印单位:河南新华印刷集团有限公司
开本:890 mm×1 240 mm　1/32
印张:5.25
字数:172 千字　　　　　　　　印数:1—1 000
版次:2017 年 5 月第 1 版　　　印次:2017 年 5 月第 1 次印刷
定价:25.00 元

前　言

　　水土保持措施的水沙效应一直是水土保持工作者研究的热点,目前我国水土保持措施水沙效应的研究从方法上讲主要以坡面观测为主,从研究区域上讲主要集中在黄河流域,利用分布式水沙耦合模型对水土保持措施的水沙效应进行模拟的研究成果少而且主要在黄河流域。由于研究经费、时间、地理条件等多方面因素的限制,传统的集对比分析方法及时间序列方法难以有效地分析出不同水土保持措施对流域产流产沙的影响,同时长系列水文资料的观测与收集比较困难。

　　在这种背景下,作者在南方红壤水土流失区对水土保持措施水沙效应模拟及结构优化开展了部分研究工作。随着计算机技术的不断发展及3S(GIS、RS、GPS)等先进技术的广泛应用,人们对水土流失规律的认识不断深入,土壤侵蚀预报模型已经由传统的统计模型、具有一定物理基础的集总式概念模型发展到了以分布式水文模型与分布式产沙模型相耦合的分布式水沙耦合模型研究阶段。在以往研究成果的基础上本书主要进行了以下几个方面的研究:

　　(1)适合于水土保持措施水沙效应模拟的分布式水文模型研究。本书在半分布式水文模型TOPMODEL的基础上,将植被因子和土壤因子引入到地形指数的计算中,通过归一化植被指数与叶面积指数之间的统计模型对植被冠层截留量进行了分布式计算,建立逐网格产汇流模型,构建了分布式水文模型GTOPMODEL,模型能够对下垫面变化做出响应。

　　(2)分布式产沙模型及其与分布式水文模型的有机耦合研究。本书通过引入常规化差异植被指数NDVI和作物管理与植被覆盖因子C值的关系模型,对修正通用土壤流失方程中各因子进行了分布式计算,将分布式水文模型的产流结果作为修正通用土壤流失方程中径流因子值,实现了分布式水文模型与分布产沙模型的有机耦合,构建了分布式水沙耦合模型。

(3)水沙耦合模型参数率定方法研究。本书将动态种群不对称交叉遗传算法和实数编码加速遗传算法相结合构建了动态种群不对称交叉加速遗传算法,数值试验显示该算法优于原实数编码加速遗传算法,将该算法应用于本书构建的水沙耦合模型的参数率定中,率定时确定性系数达到了 0.94,预报时确定性系数达到了 0.88,取得了较好的效果。

(4)水土保持措施水沙效应模拟研究。以江西省修河流域水土流失严重的杨树坪站以上部分为研究区域,利用本书构建的分布式水沙耦合模型对水土保持措施实施后的水沙过程进行了模拟,通过对比措施实施前后水沙过程的变化得到了各措施水沙效应定量指标值。与江西省水土保持科技园区的试验观测资料做对比,对模拟结果做了合理性分析。

(5)流域水土保持措施多目标优化配置研究。构建了基于径流调控的水土保持措施多目标优化配置模型,根据研究区域降雨特点将主汛期径流量与其他月份径流量比值最小作为优化模型目标之一,把水土保持措施对径流的调控作用耦合在水土保持措施的优化配置模型当中,利用多目标遗传算法进行了求解。

成果主要创新点如下:

(1)在 TOPMODEL 基础上,建立了分布式水文模型 GTOPMODEL。模型将植被因子及土壤因子加入到地形指数的计算当中;由原来的等流时带汇流方式,改为网格汇流;通过 NDVI 与叶面积指数的统计关系模型,实现了植被冠层降雨截留的分布式计算。改进后的模型能够反映下垫面变化对径流过程的影响。

(2)在 AVSWAT 2000 河道泥沙演进模型的基础上,将河道中的泥沙输出与径流输出同比例的假定进行了改进,根据泥沙进入河道的先后顺序依次输出,最后通过叠加得到河道断面日泥沙输出量。对研究区域的应用表明,模型参数率定时确定性系数由 0.83 提高到了 0.89,改进后的模型计算精度得到了提高。

(3)将动态种群不对称交叉遗传算法与实数编码加速遗传算法相

结合,提出了动态种群不对称交叉加速遗传算法。数值试验表明,改进后的算法从最优解的精度和寻找到最优解的概率两方面都比实数编码加速遗传算法有所提高,显示了算法的良好性能,将算法应用于水沙耦合模型的参数率定,取得了较好的效果。

(4)构建了基于径流调控的水土保持措施多目标优化配置模型。根据研究区域降水特点将主汛期径流量与其他月份径流量比值最小作为优化模型目标之一,把水土保持措施对径流的调控作用耦合在水土保持措施的优化配置模型当中,在实现保水保土目的的同时最大限度地发挥水土保持措施对流域径流的调控作用。

水土保持措施水沙效应模拟是一个非常复杂的过程,本书在前人研究成果的基础上构建了分布式水沙耦合模拟模型,在水土流失严重的修河流域杨树坪站以上区域对5种具体的水土保持措施的水沙效应进行了模拟,得到了各措施水沙效应的定量指标值,以此为基础构建了基于径流调控的水土保持措施多目标优化配置模型。

本书由陈卫宾、宋海印、张运凤共同执笔,并由陈卫宾负责全书统稿,具体分工如下:陈卫宾编写第1、2章,宋海印编写第3、4、6章,张运凤编写第5、7章。

由于作者水平及时间有限,疏漏之处在所难免,恳请各位专家批评指正。

作 者

2016 年 11 月

目　录

第1章 绪 论

1.1 研究背景及意义

我国是世界上水土流失严重的国家之一,全国水土流失面积达 356 万 km²,占国土面积的 37%,每年流失的土壤总量达 50 亿 t,其中长江流域年土壤流失总量 24 亿 t,黄河流域黄土高原地区每年进入黄河的泥沙 16 亿 t[1]。严重的水土流失,不仅导致生态失衡,而且还加剧了水资源危机。一是森林植被稀少,坡地土层变薄,甚至基岩裸露,坡地水源涵养能力减弱,洪水暴涨暴落。二是大量泥沙下泄,淤积江、河、湖、库,影响了水利设施调蓄功能,降低了天然河道泄洪能力,加剧了下游的洪涝灾害。三是造成水资源污染,水土流失成为面源污染的主要载体。据任海[2]研究,水土流失所导致的面源污染和污染物的载体,成为影响密云水库水质的重要污染源之一。四是影响水资源的有效利用,加剧了干旱对工农业生产带来的危害。在水土流失较为严重的流域,为了减轻泥沙淤积造成的库容损失,部分水库不得不采用蓄清排浑的方式运行,使大量宝贵的水资源随着泥沙下泄。黄河下游每年需用 200 亿 m³ 左右的水冲沙入海,用来降低河床[3],防止河床进一步抬高。

我国的水资源具有以下几方面特点:

(1)总量较大,水资源年平均总量为 2.8 万亿 m³,居世界第六位。但是,人均和亩均占有量小,按照 1997 年数据,中国水资源人均占有量只有 2 220 m³,约为世界人均占有量的 1/4,居世界第 88 位,水资源耕地亩均占有量只有 1 770 m³,约为世界耕地亩均占有量的 3/4。

(2)水资源的时空分布很不均匀,这是中国水资源的第二个基本特点。在空间分布上,水资源与人口和耕地的地区分布不相适应。一般而言,若以秦岭为界,则南方水多地少,而北方水少地多。南方水资源总量约占全国的80%,但是人口只占全国的55%,耕地只占全国的36%;北方水资源总量不到全国的20%,而人口却占全国的43%,耕地占全国的58%。同时,在时间分布上,降水量及河川径流量的季度变化和年际变化都很大。受季风影响水资源的时间分布极不均衡。我国降水时间分配上呈现明显的雨热同期,基本上是夏秋多、冬春少。总体表现为降水量越少的地区,年内集中程度越高。北方地区汛期径流量占年径流量的比例一般为70%~80%,其中海河区、黄河区部分地区超过了80%,西北诸河区部分地区可达90%。南方地区多年平均连续最大4个月径流量占全年的60%~70%。不但容易形成春旱夏涝,而且水资源量中大约有2/3是洪水径流量,不利于水资源的开发利用。

我国水资源可持续利用实践的发展,要求水资源安全利用和管理研究必须与相应的生态环境问题相结合,生态环境安全与水资源可持续发展理念在水资源领域的运用和发展,是一个复杂体系,也是丰富和拓展水资源合理配置理论与实践的需要。

综上所述,一方面我国面临着严峻的干旱缺水、洪涝灾害等水问题,而仅仅依靠大规模兴建新的水利工程来彻底解决这些水问题,无论是从经济、社会,还是生态环境方面来说,都是不科学的。另一方面森林过度砍伐、放牧和耕地开垦等导致的大面积水土流失和生态环境恶化,加剧了水资源缺乏和时空分布不均衡与日益增长的水资源需求之间的矛盾。因此,在水土流失地区,以流域为单元,进行水土保持水沙效应模拟及综合调控模型研究既是解决我国用水和需水之间矛盾的需要,也是我国水资源可持续利用和发展实践的需要。在这种背景下,本书以水土流失比较严重的南方红壤侵蚀区——修河流域为研究区域,进行基于分布式水沙耦合模型的水土保持措施减水减沙效应模拟及水土保持措施结构优化研究。

1.2 国内外研究现状

1.2.1 分布式水文模型研究现状

1.2.1.1 国外分布式水文模型研究进展

自 1969 年 Freeze 和 Harlan[4]第一次提出了关于分布式物理模型的概念,分布式模型开始得到快速发展。1986 年,英国、法国和丹麦的科学家联合研制了 Systeme Hydrologique Europeen(SHE)模型[5-6]。该模型主要的水文物理过程主要采用质量、能量或动量守恒的偏微分方程的差分形式来描述,当然也采用了一些经过独立试验研究得来的经验关系。该模型以欧洲的流域水文过程为框架,综合考虑降水、蒸散发、植物截流、坡面和河网汇流、土壤非饱和流与饱和流、融雪径流、地表径流、土壤对地下水的补给、地下水的流动交换等水文过程,该模型的参数都有一定的物理意义,并可以通过观测或从资料分析中得到。但模型没有考虑土壤表层的快速壤中流。该模型多应用在欧洲,在其他地区应用比较少。该模型是第一个真正的或者说具有代表性的分布式水文物理模型。从 SHE 模型开始,人们先后研制建立了一些分布式水文模型,SHE 模型现在也出现了很多不同版本,比如 MIKESHE 模型、SHETRAN 模型等[6-7]。近几十年来,国外涌现出了许多分布式或半分布式流域水文模型,例如 DHSVM 模型[8-9]、TOPKAPI 模型[10]、SLURP 模型[11]等。

1975 年,Hewlett 和 Troenale 提出了森林流域的变源面积模拟模型。在该模型中,地下径流被分层模拟,在坡面上的地表径流被分块模拟。此后,Engman 和 Rogowski 提出了一个能够明确说明径流参数空间变化的径流模拟方法,方法中利用了局部产流面积的概念。1979年,Beven 和 Kirbby 提出了以变源产流为基础的 Topography based hydrological MODEL(TOPMODEL)[12]。该模型基于 DEM 推求地形指数,并利用地形指数来反映地形空间变化对流域水文循环过程的影响,模型的参数具有物理意义,能用于无资料流域的产汇流计算。但

TOPMODEL并未考虑降水、蒸发、植被、土壤等因素的空间分布对流域产汇流的影响,因此它不是严格意义上的分布式水文模型。

Institute of Hydrology Distributed Model(IHDM)是1980年英国的Morris提出的起步较早的分布式水文物理模型[13-14]。Beven等(1987)和Calver(1988,1995)对IHDM进行了改进。1985年,美国农业部农业研究中心的Alonso和Decoursey考虑到土地利用与管理将会影响到一个小流域的水文循环与化学循环,设计了SWAM(Small Watershed Model)[11]。在美国,一个比较典型的分布式模型是由美国工程师兵团所研制的CAS-2D模型[15];ANSWERS模型(Beasley等,1980;Silburn和Connolly,1995;Connoly等,1997)来源于Huggins和Monke(1968)研制的第一个基于网格的分布式模型,该模型只考虑超渗产流机制,利用Green-Ampt下渗方程计算每个网格单元上的超渗雨量;Bronstert和Plate(1997)提出的基于网格的三维HILLFLOW模型应用模糊规则方法来求解Richards方程。

1994年,Jeff Arnold为美国农业部(USDA)农业研发中心(ARS)开发了SWAT模型(Soil and Water Assessment Tool)[16-21]。SWAT模型是一个具有很强物理机制、长时段的流域水文模型。它能够利用GIS和RS提供的空间信息,模拟流域中多种不同水文物理过程。模型可采用多种方法将流域离散化(一般基于DEM),能够响应降水、蒸发等气候因素和下垫面因素的空间变化以及人类活动对流域水文循环的影响,但是该模型对资料要求比较严格,所以在我国大的流域应用并不多。此外,THALES模型(Grayson,1995)是一个基于矢量高程数据的分布参数模型,与TOPOG模型相似。此外,USGS模型(Dawdy等,1970,1978)、WATFLOOD模型(Kouwen等,1993,2000)、SLURP模型(Kite,1995)、PRM模型(Leavesley等,1990)[22-24]等都属于分布式水文模型的范畴。

1.2.1.2 国内分布式水文模型研究进展

国内分布式水文模型发展较晚。1995年,沈晓东等[16]提出了一种在GIS支持下的动态分布式降雨径流流域模型;1997年,李兰等[17]提出了基于分布式模型的水文动态分布参数反演算法和分布式实时校正技术,并将其研制成 LL－Ⅰ、LL－Ⅱ、LL－Ⅲ分布式水文模型。

2000 年以后是我国分布式水文模型迅速发展的时期。2000 年,熊立华等提出一种基于 DEM 的分布式流域水文模型,该模型详细描述了网格单元的截留、蒸散发、下渗、地表径流等水文物理过程,在每一个网格上用地形高程来建立地表径流之间的关系。该模型应用于美国缅因州 BBMW 流域检验模型的结构和精度,效果比概念性模型略有提高[18]。2000 年,郭生练等建立了一个基于 DEM 的分布式流域水文物理模型,用来模拟小流域的降雨径流时空变化过程。任立良等也进行了流域数字水文模型(分布式新安江模型)研究,并基于 DEM 考虑流域空间的变异性,建立数字高程流域水系模型[19]。

此后,清华大学杨大文等应用分布式水文模型(GBHM)于黄河流域研究水资源的定量化评估[20];中国水利水电科学研究院贾仰文、王浩等应用分布式水文模型(WEP)于黄河流域研究水资源演变规律和黑河流域水资源调配[21];中国科学院大气物理所谢正辉研究员改进了VIC 分布式水文模型,开展了区域气候模式与陆面模式的耦合研究[22];2002 年,夏军[23]建立了基于 DEM 的分布式变增益水文模型(DTVGM)。此外,王中根,刘昌明等都对分布式水文模型做过相应的研究[25-30]。以上分布式水文模型都是具有一定物理基础的分布参数水文模型,由于水文过程的复杂性、下垫面的多变性以及人类对水文过程的认识程度的限制,目前还无法构建一个完全描述实际水文物理过程的严格意义上的分布式水文模型,因此可以说目前所说的分布式水文模型中分布的概念都是相对于集总式水文模型的集总的概念而言的。

1.2.2　水土保持措施减水减沙效应研究进展

1.2.2.1　水土保持措施减水效应研究

目前,国内对水土保持措施对流域径流影响的研究中,以坡面试验观测进行对比分析为主,主要有集水区对比分析和时间序列对比分析两种。集水区对比分析即通过选择两个集水面积、河道比降、地貌、植被、土壤和气候等因素基本一致的相邻区域,一个采取水土保持措施一个不采取水土保持措施,然后同时进行降水和径流等要素的观测。时间序列对比分析法是指用同一流域相同水文站长期观测资料,通过分析实施水土保持措施前后水文要素的变化,研究水土保持措施对流域径流的影响。除对比分析方法外,也有人用模拟分析的方法进行了相关的研究。

模拟分析法主要包括成因分析法、经验模型法及机理模型法三种。①成因分析法也叫水保法,是根据径流形成及其影响因素的关系,分析计算各项措施对径流的影响。②经验模型就是通过对实测水沙资料的统计分析,建立降雨径流、降雨输沙或径流输沙之间的一个或若干个定量的相关关系,并利用这些相关关系计算某一时期治理流域在天然状态下的产流产沙量,与同一时期实测径流泥沙量相比,求得水土保持减水减沙效益的方法,也称水文法。③机理模型主要分为集总式模型和分布式模型两种。

1. 集水区对比分析研究

邵云在辽西对人工沙棘林水土保持效益的研究表明[31],1985～1986 年 12 次降水观测中,5～7 年生沙棘林未产生径流,较对照荒坡年均减少径流 40 388.9 m³/km²,减少泥沙 1 001.8 t/km²。秦永胜、余新晓等[32]利用流域对比法研究了北京密云水库森林对地表径流的影响,研究表明刺槐人工林对地表径流的削减率为 10.63%～83.04%。左长清、马良[33]在江西德安县水土保持实验站对不同的下垫面小区进行了观测,观测结果表明裸露小区年产流系数是其他水土保持措施小区平均产流系数的 1.7 倍。集水区对比分析法是目前较为普遍的研究方法,但实际运用中确会遇到很多困难和缺点。首先是选择两个完全相同的集水区是不现实的,其次集水区对比研究的方法在应用上会给研究增加很大的人力、物力和财力负担。

2. 时间序列对比分析研究

朱岐武、樊万辉等[34]对皇甫川流域进行了研究,研究表明 20 世纪 80 年代、90 年代梯田、坝地使该流域径流减少量分别为 18.3%、16.1% 及 34.8%、36.57%。但是这种分析方法受到其他因素的影响较为严重,在不同的时间段进行观测,观测结果的差异不仅仅是水土保持措施的影响,还有降水等其他因素的影响。如何将这些因素的影响剔除从而比较精确地计算出水土保持措施的影响是有一定难度的。

3. 成因分析法

刘斌、冉大川等[35]在北洛河流域运用成因分析法进行了水土保持措施减水减沙作用分析,研究结果表明 1970～1979 年最多减少洪水量达到 25.6%。但是运用成因分析法在进行空间转换(由径流小区得到的指标运用到大流域甚至整个流域)时,就会暴露该方法不能分析水文过程的缺陷。由径流小区分析的径流仅仅是地表径流的变化,实际上采取水土保持措施以后改变了降水在地表的分配过程,有一部分降水渗入地下形成地下径流,而成因分析法不能分析措施空间配置对地下径流的影响。

4. 经验模型法

降雨产流的统计模型属于经验模型,其建立主要依靠概率统计理论和方法,因此也称为统计模型。最早的降水径流量关系经验模型可以追溯到 17 世纪法国学者 Perrault 和 Marriotte 在塞纳河流域建立的经验关系式[36],从降水到河川径流的形成是一个非常复杂的物理过程,当我们无须对其过程进行深究,目的主要是探究这一过程的输入与输出即降水与径流之间的数量关系时,应用经验模型在实践上都是可行的。

用经验模型法研究水土保持对径流影响的工作步骤是:首先确定水土流失综合治理对径流量明显发生作用的临界年份,然后把流域降水径流量按年序分为影响前和影响后两个时段。再利用影响前的降水量和径流量资料,通过概率统计方法建立未治理时期(或未发生显著影响时期)降水产流经验模型,并以该模型作为“天然”降水产流模型。将治理后时段的降水条件代入模型中,求得相当于“天然”条件下的产流量。比较实测径流量与模拟计算的“天然”产流量,即可求得综合治理对河川径流量的影响。显然,这种方法的重点在于建立“治理前”降水产流经验模型。由于人们对降水产流规律认识的差异,建立了不同类型的降水产流经验模型,主要包括以降水量为主的流域降水径流模型和以降雨强度为主的流域降水径流模型两种。

以降水量为主的流域降水径流模型主要有线性模型和幂函数模型两种。这类模型是黄土高原目前应用最为广泛的模型。实践证明,线性回归模型表示年径流量与降水量之间的关系效果较好[37]。建立和应用合理回归模型的关键是自变量指标的选择。在水利部水沙二期基金项目中,研究者分别建立了河口—龙门区间 21 条一级支流降水径流模型,在这些模型中,降水量指标主要有年降水量、典型月降水量、典型时段降水量(如最大 7 d、最大 10 d、最大 30 d)、有效降水量(大于某一临界降水量的累积降水量)等,但主要因素是年降水量或汛期降水量[38]。径流量大小还受前期降水量的影响,因此在建立降水产流模型时,应该考虑下垫面湿润程度对产流的影响[39]。由于降水空间分布的不均匀性,建立黄土高原降水产流模型时如何确定流域面平均雨量仍是一个值得研究的问题。除常用的泰森多边形法、算术平均法外,还有人根据雨强—历时曲线来计算面平均降水量[40]。有人认为,次降水径流主要与降雨强度、降水量和前期土壤含水量等因素有关。通过分析降水、入渗、产流的物理过程,发现只有当降雨强度超过土壤入渗速率时才可能产生径流[41],在建立降水产流模型时可以忽略不产流时段的降水,因而提出"有效雨强"和"有效雨量"的概念。把产流历时内的雨量和平均雨强称为有效雨量和有效雨强,从而形成了以有效雨量及有效雨强为自变量的降水产流模型。分析表明:在降水开始和结束时,小于 0.2 mm/min 雨强的降雨不产流,故这两部分降水对产流的作用可以忽略,仅取中间时段内的雨强作为有效雨强。降水量小于 9 mm 时也不产流或产流量很少,故也不予统计。因此,在统计暴雨资料时要遵循两个原则:①次暴雨量≥9 mm;②去掉降水开始和结束时小于 0.2 mm/min 的低强度降雨,取中间的部分计算有效降水量和有效雨强。王向东[42]对皇甫川的研究也建立了类似结构降水产流的模型。

总体而言,基于有效雨量和有效雨强的降水产流模型较为科学合理,应用效果也好。但计算烦琐,模型不便推广。有效雨强和有效雨量的确定方法和指标值很不一致,仍有待进一步深入研究。

年径流量不仅与汛期雨量有关,而且还与非汛期降水量及降水的集中程度有关。因此,张经之[43]提出了反映年内降水分布特征的流域降水产流模型。该模型由于考虑了年内不同时期降水对径流的影响差异,将汛期降水和非汛期降水对产流的影响分开处理,概念明确,所采用的资料也容易获得,模型便于推广。

徐雨清[44]利用遥感和地理信息系统提取集水区边界、水系网络、集水区地形特征(坡度、坡向、植被指数、降水等)指标,建立了黄河支流祖厉河及苑川河流域的平均降水径流模型。

经验模型是以实测资料和概率统计方法建立起来的,模型结构相对简单,使用方便并且也能达到一定的精度,在生产和实践中得到了广泛应用。但这类模型的不足之处在于:

(1)缺乏物理基础,外延效果差,不便于模型在不同流域或地区间的移用。

(2)仅给出最终结果,并不能模拟水土保持对降水产流过程的影响。

(3)目前都是假设临界年份(如1970年)前时段为未治理时期即认为此时段水土保持措施影响为零来建立降水产流经验模型,但这一时期水土流失的治理是存在的。

(4)不能分离水土保持措施对降水产流量的影响。因此,需要探讨更加科学、合理地充分反映水土保持措施作用的流域降水产流模型。

5. 机理模型法

现代水科学研究更为迫切地需要与数学、计算机科学、信息科学等的融合。流域水文、遥感及核示踪等新的测定技术和GIS数据管理技术的应用和计算机运算能力的提高,极大地推动了水科学研究从点到面、从定性到定量、从单一到综合的发展,并使大中尺度的水文生态过程模拟研究成为现实。尽管对某一水文事件或水文要素的模拟研究已有近百年的历史,但一般认为最早的流域水文模型是1967年开发的Stanford模型[45-47]。因此,流域水文模拟是研究水文过程的一种新技术。水文模拟是通过把一些经验规律加以物理解释,用简化的数学公式表达出来,再把各个水文过程综合起来,形成全流域水量平衡计算系统即模型,然后通过计算机模拟运算来实现水文过程的模拟输出。相对于经验模型,流域水文物理模型描述了从降雨到径流的形成过程,因此被称为白箱模型或机理模型。根据模型对水文过程的表述,水文物理模型可分为集总式模型和分布式模型,或确定性模型、随机模型和混合模型。水文物理模型在解决水文复杂问题和进行水文规律研究上具有重要作用,因而发展迅速。

自 Standford 水文模型建立以来,世界各国已开发出各种各样的流域水文模型,Singh 主编的 Computer Models of Watershed Hydrology 一书中收集了目前世界上具有广泛代表性的 26 个流域水文模型,如 SHE – Mike模型、Tank 模型、Xinanjiang(新安江)模型、TOPMODEL 模型和 EPIC 模型等[45]。从 SHE 模型发展而来的 SHETRAN 模型已被用于进行预测土地利用变化和气候变化的水文影响研究[48]。由于小地形改变和土地利用结构调整等的水文影响未能引起一些水文学家的足够重视,上述模型没有充分考虑与水土保持措施有关的模型参数设计。因此,这些模型尚不能直接用于水土保持水文效应的分析研究。

近年来,随着对产流规律研究的不断深入,我国学者针对黄河中游地区的特点,开发了一些能反映水土保持作用的水文模型,但尚不能用于大中流域或区域。河海大学和黄河水利委员会绥德水土保持试验站合作开发了小流域降雨产流模型[49-51]。该模型用 Horton 下渗曲线计算产流,用滞后的线性水库及马斯京根连续演算法计算汇流,建立了具有物理成因的概念性小流域水文模型。尽管该模型分别应用于陕北的裴加沟和子州径流实验站的 6 条小流域并对模型进行验证,模拟效果良好,但其应用的流域面积较小,仅为 187 km^2。陈国样等在建立黄土丘陵沟壑区小流域产沙过程模型时,以 Horton 产流模型为基础,建立了流域降雨产流模型,其模型结构和参数经陕北桥沟小流域实测资料验证,也有较高精度[51]。在半干旱半湿润地区,除降水量和土壤含水量外,雨强和下渗能力对产流也有显著影响。因此,流域产流并非单一模式而是超渗与蓄满并存的混合产流模式。根据这一特点,雒文生等[52]建立了流域超渗—蓄满兼容的产流模型,该模型在理论上更加合理。包为民[53]提出的流域水沙耦合物理概念模型,已在黄河中游地区十多个流域上得到了应用。为避免传统水文物理概念模型计算烦琐且资料不易获取等问题,有人根据水量平衡原理,建立了以月为基础的流域水文模型[54],通过在渭河流域应用,证明模拟效果也很好[55]。

与经验模型相比,物理水文模型的优点在于:①具有物理基础,可以进行较高精度的外延。通过模型参数改变可以反映人类活动如水土保持影响后的水环境变化,代表了水文模型的发展趋势[56]。②对单次暴雨来说计算精度高。③可以考虑边界条件更为复杂的流域。尽管如此,水文物理模型在我国并未广泛被推广应用,主要原因是:模型相对复杂,需要输入的参数较多,因缺乏观测资料,参数获取也较为困难。

另外,水土保持措施对水文循环的影响还表现在,在水土保持措施实施过程中,有时需要人为地提取河道和地下水进行灌溉以保持水土保持措施发挥保水保土的作用。国内有关专家对水土保持活动的这种用水进行了研究,1999年,中国工程院重大咨询项目"中国可持续发展水资源战略研究"第6课题"中国生态环境建设与水资源保护利用"(沈国舫、王礼先,2001)中,研究了水土保持减水问题,采用水土保持措施用水定额乘以相应措施治理面积的方法,求得黄土高原现状水土保持用水量为8亿~10亿 m^3,并得出了随着黄土高原水土流失治理标准的提高,水土保持用水定额将有所增加的结论;海河流域水土保持用水定额为3万 m^3/km^2,现状水土保持用水量为8亿 m^3;我国现状水土保持用水量为20亿 m^3左右。2001年,中国工程院重大咨询项目"西北地区水资源配置生态环境建设和可持续发展战略研究"中,界定了水土保持用水的概念(刘昌明、王礼先,2004),再次肯定了"中国可持续发展水资源战略研究"中得出的水土保持用水可以根据单项措施的用水定额和单项措施的治理面积计算的方法。据此,他们对陕西省、甘肃省、宁夏回族自治区、青海省、内蒙古自治区的水土保持用水量进行了计算,得出西北地区黄河流域水土保持用水量为15.7亿 m^3的结论。

林草植被生态用水的研究是指天然植被和人工植被生态用水的研究。关于天然植被和人工植被生态需水的研究,我国学者的研究主要集中在干旱半干旱区的生态用水的概念、分类和计算方法上,而对半湿润湿润区研究较少,研究的目标是进行干旱区水资源的宏观调控。吴钦孝和杨文治(1998)系统地总结了黄土丘陵区近十年的林草植被建设的研究进展,分析了影响林草植被建设的土壤水分背景,指出黄土高原的林草建设要考虑土壤水分生态环境的影响。贾保全(1998)对干旱区生态用水的概念和分类进行了探讨,2000年又对新疆生态用水量进行了估算;王让会等(2001)依据水量平衡原理估算了塔里木流域"四源一干"的绿洲等植被生态环境需水量;王芳等(2002)在分析植被生态需水的基础上,将植被生态需水划分为植被可控性生态需水和不可控性生态需水,提出采用水资源计算理论与植被生态理论相结合的方法定量估算生态需水,并对西北生态需水进行了定量估算;王根绪等(2002)对干旱内陆河流域生态需水量的概念和计算方法进行了探讨;张新海等(2002)对西北内陆河地区生态环境需水的概念和计算方法进行了初步分析;左其亭(2002)探讨了干旱半干旱地区植被生态用水的概念,并采用直接计算法和间接计算法对其进行了计算;陈丽华等(2002)在生态分区的基础上,采用面积定额法对北京市生态用水进行了计算;沈国舫、王礼先等(2001)采用面积定额法对全国林业生态工程建设用水进行了计算,张远等(2002)对黄淮海地区林地最小生态需水量的概念和计算方法进行了探讨;水利部海河水利委员会(2002)采用1.5万 m^3/km^2 的生态用水定额计算了海河流域水土保持所需的植物生态耗水,崔树彬(2002)认为此部分水量并不是无效蒸发掉了,它或许产生了林、草产品,或许产生了粮、菜产品,还有可能增加入渗水或变为河道基流。

关于水土保持措施实施而增加的生态用水,实际上相当于在水文自然循环的过程中增加了人工侧枝循环的影响,尤其是在我国北方干旱半干旱地区这种影响更为明显。鉴于本书研究区域为南方红壤水土流失区,该部分影响未考虑在本书模型模拟过程中。

由以上研究成果可以看出,目前关于水土保持措施对产流产沙的影响研究大部分集中在小区试验观测水平上,对于范围大一些的流域水土保持措施的减水减沙效益研究多采用时间序列对比分析方法,该方法忽略了非水土保持措施对水沙的影响。同时,将试验小区观测结果应用到更大范围内是不合适的,例如大面积造林会造成林冠层对太阳能辐射能量反射率较高,从而降低最大蒸发能力,而小区内小面积造林观测这种林冠层太阳辐射反射率较低,没有降低最大蒸发能力的效应。鉴于此,本书力求建立分布式水文模型,对流域水土保持措施的减水减沙效益进行了模拟研究。另外,水土保持措施的实施也会改变流域径流组成,研究水土保持措施实施后流域径流中地表径流和地下出流的比例变化也是本书研究的重点。

1.2.2.2 水土保持措施减沙效应研究进展

与水土保持措施减水效应相对应,减沙效应的研究也是以小区试验研究为主,这里主要介绍模拟模型研究进展情况。水土保持措施减沙效应模拟主要是水文模型与土壤侵蚀模型结合建立水沙耦合模型进行模拟,因此水土保持措施减沙效应模拟模型的研究进展就是土壤流失预报模型的研究进展。

国外土壤侵蚀统计模型的发展过程,可以大致划分为三个阶段:第一阶段是从 1877 年德国土壤学家 Ewald Wollny 定量化研究土壤侵蚀开始[57],到美国通用土壤流失方程出现以前结束。这一阶段的研究工作主要围绕影响水土流失的单个因子展开,诸如坡度、覆盖度、坡长等,大量径流小区的建立和观测,促进了统计模型的发展,其中 M. F. Cook[58]、A. Zingg[59]、D. Smith[60] 等的研究为美国通用土壤流失方程 Universal Soil Loss Equation(USLE)的建立奠定了基础。第二阶段是 1965 年 USLE 问世,到 20 世纪 80 年代初期。1965 年,W. Wischmeier 和 D. Smith 在对美国东部地区 30 个州 10 000 多个径流小区近 30 年的观测资料进行系统分析的基础上,提出了著名的通用土壤流失方程 USLE[61]。该方程较为全面地考虑了影响土壤侵蚀的自然因素,通过降雨侵蚀力(R)、土壤可蚀性(K)、坡长坡度(LS)、作物覆盖与管理(C)和水土保持措施(P)五大因子进行了定量计算。在这一阶段,USLE 占居了主导地位,深刻影响了世界各地土壤侵蚀模型研究的方法和思路,在随后的很多年里,世界各地的大部分研究都是对 USLE 中五个因子在不同地区的修正和应用。1978 年,W. Wischmeier 和 D. Smith针对应用中存在的问题,对 USLE 进行了修正[62]。第三阶段是从 20 世纪 80 年代初期到 RUSLE 的完成。随着对土壤侵蚀机制认识的不断深入和计算机技术在土壤侵蚀领域应用的不断成熟,对土壤侵蚀过程进行预报势在必行,为此,美国土壤保持局对 USLE 进行了修正,于1997年建立了USLE的修正版Revised Universal Soil Loss Equation(RUSLE)[63]。RUSLE的结构与USLE相同,但对各因子的含义和算法做了必要的修正,同时引入了土壤侵蚀过程的概念,如考虑了土壤分离过程等。与USLE相比,RUSLE所使用的数据更广、资料的需求量也有较大提高,同时增强了模型的灵活性,可用于不同系统的模拟。

20世纪80年代以来,众多土壤侵蚀理论模型相继问世,其中以美国的WEPP[64],欧洲的EUROSEM[65]、LISEM[66],澳大利亚的GUEST[67]最具代表性。其中,WEPP模型是目前国际上最为完整,也是最复杂的土壤侵蚀理论模型,它几乎涉及与土壤侵蚀相关的所有过程,而LISEM模型则实现了土壤侵蚀模型与GIS技术的有效结合,使研究结果更具直观性和可视性。这些模型的基本结构比较相似,大体都包括降雨截留、击溅、入渗、产流、分离、泥沙输移、泥沙沉积等子过程。

上述模型在土壤分离、泥沙输移及沉积的动力学基础方面存在较大的差异。WEPP模型采用了径流剪切力,EUROSEM模型和LISEM模型采用了单位水流功率[68],而GUEST模型则采用了水流功率[69]。众所周知,剪切力、水流功率和单位水流功率间存在明显的差异,哪个更能准确地描述土壤侵蚀过程,或者各自的适用范围如何,仍需要进一步深入研究。在应用上述土壤侵蚀理论模型的同时,土壤侵蚀机制方面的研究仍在继续。Elliot和Laflen[70]研究表明,利用有效水流功率更能准确地描述土壤侵蚀过程。1999年,Naering等的研究也表明了上述观点[71]。对于径流挟沙力的准确预测,目前仍是一大难题,Govers在研究无黏性土壤颗粒输移时发现,利用流量和坡度的幂函数可以较为理想地模拟径流挟沙力[72],然而Gary Li和Abrahams[73]的试验结果并不支持Govers的观点。

坡度是影响土壤侵蚀的重要因素,长期以来备受关注,也是争论的焦点所在。到目前为止,坡度对水流速度和阻力的影响仍存在较大争议,Rauws[74]用人为制造糙率的方法研究表明,雷诺数和阻力系数均是坡度的函数,随着坡度的增大,水流速度增大,但粗糙表面增大的幅度比光滑表面增大的幅度小。Abrahams[75]在研究细沟水动力特性时,也得到了类似的研究结果。1992 年 Govers 在研究侵蚀细沟时发现,在陡坡条件下,随着坡度的增大,侵蚀加剧,细沟形成糙率随之增大,相应阻力增大,因坡度增大带来流速增大的趋势被增大的阻力所抵消,因而流速只是流量的函数,不随着坡度的增大而增大,Nearing[76]在 Arizona 的研究中支持了 Govers 的观点。究竟坡度对土壤侵蚀的影响如何,尚待进一步的深入系统研究。

在我国,坡面土壤侵蚀预报模型研究一直是土壤侵蚀学科研究的前沿领域。我国坡面侵蚀定量评价和预报模型研究始于 20 世纪 50 年代,从 80 年代开始,土壤流失预报模型研究进入系统研发阶段,在 USLE 的推动下,利用水蚀区径流小区观测资料,根据研究区实际情况,对各因子指标及其求算方法进行了修正,分别建立了适用于东北漫岗丘陵区[77-78]、黄土高原区[79-80]、长江三峡库区[81]、闽东南地区[82]、广东地区[83]、滇东北山区[84]的坡面侵蚀预报模型。这些坡面侵蚀预报经验模型主要是基于 USLE 建立的,这类模型具有结构简单、考虑因素较为全面、在试验样区内具有较高计算精度的特点。但由于 USLE 是建立在试验样区内大量数据基础上的,主要用于预报农耕地土壤流失量,而我国坡地大多以陡坡地(大于 10°)为主,基于 USLE 建立的侵蚀预报模型在我国的应用受到极大限制。另外,我国基于 USLE 建立的坡面侵蚀预报模型大多预报的仅是坡面总产沙量,没有产沙部位信息,无法指导水土保持措施配置;而且各因子测算方法缺乏统一标准,使得各地区因子值没有可比性。但 USLE 关于参数选择、参数类型、标准小区等研究思路可供我们学习和借鉴。

进入 20 世纪 90 年代,基于土壤侵蚀过程的研究成果,尝试物理模型的建立。与国外相比,我国土壤侵蚀理论模型的研究仍处在初期阶段,模型结构比较简单,模型思路基本都是借鉴国外经验基础上发展起来的。谢树楠等[85]从泥沙运动力学的基本原理出发,在一系列假定条件下,建立了坡面侵蚀量与雨强、坡长、坡度、径流系数和泥沙粒径间的函数关系,并用黄河中游三个中等流域(裴加沟、韭园沟、偏关河)的侵蚀实测数据对模型进行了精度检验。

汤立群[86]根据黄土地区侵蚀产沙的垂直分带性规律,将流域划分为三个典型的地貌单元,分别进行水沙、泥沙输移及沉积演算。模型包括径流和泥沙两部分,径流模型中采用超渗产流模型。泥沙模型是在计算径流量和供沙量的基础上,通过挟沙力公式计算径流挟沙力,判断供沙量与径流挟沙力的大小,当径流剪切力大于临界剪切力,且输沙率小于挟沙力时,侵蚀发生,且输沙率为挟沙力和分离速率间较小者。该模型充分借鉴了国外已有理论模型的思路和结构,模型结构简单明了,考虑因素较为单一,又充分考虑了黄土地区土壤侵蚀的垂直分带性规律,在黄土地区是一个较为理想的土壤侵蚀理论模型。

蔡强国[87]在充分考虑黄土丘陵沟壑区侵蚀垂直分带性的基础上,将流域土壤侵蚀模型划分为坡面、沟坡和沟道三个相互联系、相互影响的子模型。在坡面子模型中考虑了坡度、植被覆盖、耕作等因素对坡面径流和侵蚀泥沙的影响。在沟坡子模型中,对径流侵蚀、洞穴侵蚀、沟壁重力侵蚀和泻溜侵蚀进行了不同处理,建立了各自的定量模拟方程。而沟道子模型则根据实测的流域水沙资料,通过多元回归分析及数值优化方法,建立了相应的预报模型,可以较为理想地模拟次降水引起的土壤侵蚀过程。理论模型的建立,在很大程度上依赖于对土壤侵蚀过程和机制的了解,近年来我国学者也开展了大量相关研究,在坡面水流动力特征[88-89]、细沟侵蚀[90]及其临界水动力条件[91]、坡面挟沙力[92]等方面取得了部分研究成果,然而我国在该领域的研究仍然比较滞后,研究成果缺乏系统性。因此,我国土壤侵蚀理论模型的发展,有待于更多土壤侵蚀机制方面研究工作的深入开展。

另外,20世纪80年代以来,遥感(RS)、地理信息系统(GIS)和全球定位系统(GPS)技术得到了迅速发展,并趋向一体化(3S一体化)和实用化。遥感技术为区域性、大范围的环境调查和监测提供了时间和空间上连续覆盖的信息源,GIS技术为空间数据的管理和分析提供了强有力的工具。3S技术在水土保持领域中已经得到了广泛的应用。1990年,武春龙等[93]利用彩红外航片,结合野外实际调查,对RS技术在土壤侵蚀类型制图中的应用做了有益的探索。随后徐国礼等[94]利用RS技术对黄土高原沟道侵蚀进行了监测。1992年,付炜[95]应用RS和GIS技术提取了羊道沟小流域土壤侵蚀模型所需的各种参数,结合灰色理论确定了模型参数,建立了相应的土壤侵蚀模型,并用实测资料进行了检验。1994 年,傅伯杰等[96]尝试了 DEM 在土壤侵蚀类型与过程研究中的应用。1996 年,江忠善等[97]在分析小区观测资料的基础上,应用 ARC/INFO 地理信息系统建立了小流域次降水土壤侵蚀空间变化的定量计算方法,并用实测资料进行了检验,结果表明利用 GIS 技术可以较为准确地模拟土壤侵蚀的空间变化特征。同年,吴礼福[98]以 DTM 上的最小沟谷为侵蚀的基本单元,在对坡面和沟谷进行不同处理的基础上,建立了土壤侵蚀模型,并以府谷县为研究对象,对模型参数的提取方法和精度进行了检验。上述研究工作虽然很多结果尚无法在大范围内推广应用,但为 GIS 技术在土壤侵蚀模型中的应用奠定了一定的理论基础。

综上所述,小流域水蚀预报模型的物理模型是模型发展的方向。随着 3S 技术及核示踪技术在水土保持中的应用发展,预报模型和 3S 技术及核示踪技术的结合将会大大提高预报模型的精度。但是,就目前而言,由于经济、技术等方面的原因,3S 技术及核示踪技术在大范围内推广应用还不可能,尤其是具有物理基础的土壤侵蚀模型过程复杂,参数众多,应用推广较难。

在我国统计预报模型相对发展较为成熟,但研究大多在西北黄土高原进行,南方红壤区还很少见。鉴于此,为提高本书研究结果的实用性,根据修正通用土壤流失方程 RUSLE 各参数的意义及小区试验资料,利用卫星遥感图片计算土壤侵蚀通用方程的影响因子,建立分布式土壤侵蚀模型与分布式水文模型相耦合的分布式水沙耦合模型,进行我国南方红壤地区不同水土保持措施的水沙效应模拟研究。

1.2.3 水土保持措施优化配置研究进展

水土保持措施优化配置研究进展主要包括模型结构及模型求解方法两方面的内容。从模型结构上来讲,目前的水土保持措施优化配置模型的目标函数主要考虑了经济效益、土壤流失量最小及投资最小三个目标[99]。例如,刘侃[100]在牡丹江市麻花沟水土保持生态工程优化设计以经济效益最大、水土流失量最小、投资最小三个目标函数建立了水土保持工程优化模型。在模型求解方法上主要有动态规划[101]、逐步法(STEM)[99]等方法。

目前,水土保持措施优化配置模型中仅仅考虑了经济效益和防止土壤流失的效益,而没有考虑水土保持措施尤其是生物措施对流域径流的调控作用。在黄河流域,大部分属于干旱半干旱地区,降雨少,地下水位较低,因此流域水土保持措施尤其是坡面生物措施所增加的降雨土壤入渗雨量几乎全部蓄滞在非饱和土壤层,通过植被蒸腾和土壤蒸发进入大气,对流域基流的影响很小。但是在我国南方地区由于降水量比较丰富,例如江西修河流域多年平均降水量为 1 400 ~ 2 000 mm,地下水埋深较浅,因此水土保持措施尤其是坡面生物措施所增加的降雨土壤入渗量会增加地下饱和层水量补给从而增加流域地下水出流量,因此有必要在水土保持措施优化配置当中将水土保持措施对流域径流的调控作用考虑进来。鉴于此,本书在水土保持措施水沙效应模拟的基础上,建立了基于径流调控的水土保持措施多目标优化配置模型,模型考虑了水土保持措施的经济效益、保土效益,以及对径流的调控能力。

将水土保持措施对径流的调控能力融入水土保持措施多目标优化配置模型中以后,模型是个典型非线性多目标优化问题,本书采用多目标遗传算法对模型进行求解。

1.3   主要研究内容及技术路线

1.3.1   主要研究内容

水土保持措施的水沙效应模拟涉及水文循环水土流失的各个环节,过程复杂,涉及面广。总体来说,主要包括地表产流、地下饱和水层出流、坡面产沙、坡面泥沙运移、河道洪水演进以及河道泥沙演进几个过程。另外,如何将产流产沙、坡面汇流和坡面泥沙运动、河道洪水演进以及河道泥沙演进各个过程有机耦合起来是模型能否成功模拟流域水沙过程的关键,因此本书主要研究内容包括以下几个方面:

（1）基于栅格和地形的分布式水文模型研究。本书在半分布式水文模型 TOPMODEL 的基础上，将植被因子和土壤因子引入到地形指数的计算中，通过归一化植被指数与叶面积指数之间的统计模型对植被冠层截留量进行分布式计算，建立逐网格产汇流模型，构建分布式水文模型 GTOPMODEL，模型能够对下垫面变化做出响应。

（2）分布式流域产沙模型及其与分布式水文模型的耦合。降水对土壤的侵蚀，以及侵蚀土壤的输移过程和产汇流过程密切相关，同步进行，所以对应于分布式水文模型的产沙模型必然也是分布式的，将两者耦合起来建立分布式水沙耦合模型才能对水土保持措施的水沙效应进行模拟。

（3）基于智能算法的耦合模型参数率定方法研究。由于水沙耦合模型大多数是非线性的，模型的响应面是多峰的，因此采用局部寻优法很难确定优选结果是否为全局最优。智能算法的发展，为求解水沙耦合模型提供了新的有力的工具，本书将构建的动态种群不对称交叉遗传算法应用于耦合模型的参数率定中，为耦合模型参数优化计算提供新的工具和手段。

（4）基于分布式水沙耦合模型的水土保持措施水沙效应模拟研究。水土保持措施水沙效应模拟主要就是通过人为地改变下垫面的覆盖情况，模拟相同降雨条件下流域产流、产沙的变化。

利用 1995 年江西省 TM 影像提取各个网格植被覆盖、土壤侵蚀、地形坡度等基础数据资料，以此为依据进行水土保持措施规划，将规划后的下垫面资料作为水沙耦合模型的输入资料，进行流域水沙过程模拟，通过措施实施前后水沙过程的变化分析，得到水土保持措施对流域水沙过程的影响。

（5）基于径流调控的水土保持措施多目标优化配置研究。根据研究区域降雨特点将主汛期径流量与其他月份径流量比值最小作为优化模型目标之一，把水土保持措施对径流的调控作用耦合在水土保持措施的优化配置模型当中，在实现保水、保土目的的同时最大限度地发挥水土保持措施对流域径流的调控作用，并利用多目标遗传算法对其进行求解。

1.3.2 研究技术路线

水土保持措施对区域水沙过程的影响模拟是进行水土保持减水、减沙效益分析以及建立基于径流调控的水土保持措施优化配置模型的基础,因此本书首先进行适宜于水土保持水沙效应模拟的分布式水沙耦合模型的建立,然后以试验资料为依据对水土保持措施的水沙效应进行模拟并对其进行合理性分析。利用模拟结果分析得到水土保持措施对水沙过程的影响的定量指标值,在此基础上建立基于径流调控的水土保持措施优化配置模型,研究技术路线框架如图 1-1 所示。

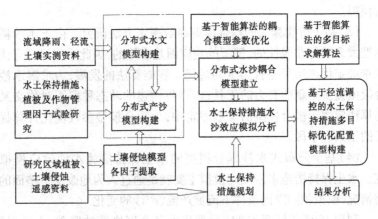

图 1-1　整体研究技术路线

第2章 基于地形和栅格的分布式水文模型

本书建立分布式水文模型的目的是为了在南方红壤水土流失区进行水土保持措施水沙效应模拟,因此所建立的分布式水文模型应该具有如下特征:①因为水土保持措施是通过改变下垫面来对流域水沙过程产生影响的,因此所建立的分布式水文模型能够反映下垫面变化对流域径流过程的影响;②因为目前我国利用分布式水文模型进行水土保持措施水沙效应模拟主要集中在黄河流域,而在南方红壤水土流失区的研究成果并不多见,相关资料较少,因此所建立的分布式水文模型在满足模拟目的的前提下,参数应尽量少。分布式水文模型的构建主要包括利用数字高程信息进行流域信息提取和流域产汇流模型的建立两个部分。

2.1 基于数字高程模型的流域信息提取

2.1.1 DEM 预处理

DEM 预处理是为了将 DEM 中的洼地和平地改造成斜坡,也就是使 DEM 数据反映的地形特征均由斜坡构成。这样处理的目的就是使水流能够根据地表径流漫流模型流出流域边界。同时为了流域信息提取后续步骤的正确进行,必须处理洼地和平地。预处理算法主要有洼地标定及抬升算法和平地起伏算法。

2.1.1.1 洼地标定及抬升算法

洼地栅格指相邻 8 个栅格高程都不低于本栅格高程的栅格。每当遇到洼地栅格,就进行如下处理:

步骤 1:扫描以洼地栅格为中心的 5×5 窗口,与洼地相邻的 8 个单元首先被标记。

步骤2:检查窗口内的边界栅格,如果沿着下坡和平地能够到达洼地栅格,则标记;否则不标记。

步骤3:逐渐扩大窗口,重复步骤2直到窗口内没有栅格能够被标记。

步骤4:所有被标记的栅格组成的区域称为洼地集水区域。从洼地集水区域中找出那些潜在的出流点。潜在的出流点是被标记的栅格,它至少拥有一个比其高程低的未标记的相邻栅格。如果没有潜在的出流点,或者存在任何洼地集水区域的边界栅格,它的高程低于最低的潜在出流点,那么扩大窗口,重复步骤2。

步骤5:找到最低的潜在出流点后,比较它和洼地栅格的高程。如果出流点高程高,那么洼地是一个凹地,否则是一个平地。对于凹地,把洼地集水区域内所有低于出流点的栅格高程升高至出流点高程。这样凹地就成为一个平地。将平地内的所有栅格点标记为平地。

2.1.1.2 平地起伏算法

平地起伏算法是利用在平地上附加高程值的方法人为地将平地改造成斜坡。平地起伏算法的基本步骤如下:

步骤1:确定平地边界上不需要附加高程增量的栅格点,并将其平地标记去掉;扫描平地的所有栅格点,将满足下列条件的栅格点的平地标记去掉:①带有平地标记;②与其相邻的栅格点中,存在不带平地标记的栅格点;③相邻栅格中,不带平地标记的栅格点的高程值低于带平地标记的栅格点高程。

步骤2:重新扫描平地内的所有栅格点,将带有平地标记的栅格点的高程值增加一个小的高程增量(如DEM垂直分辨率的1/10)。返回到步骤1,重复步骤1和步骤2,直到平地区内不存在带有平地标记的栅格点。

处理完洼地和平地后,将处理后的高程值矩阵重新覆盖原有的DEM数据,即得到预处理完毕的DEM数据。

2.1.2 流向判断

流向判定是建立在 3×3 DEM 栅格网的基础上的,进行流向判定的方法有单流向法和多流向法之分,但单流向法因其确定简单、应用方便而应用最广。

单流向法假定一个栅格中的水流只从一个方向流出栅格,然后根据栅格高程判断水流方向。目前应用最广泛的单流向法是 D8 法,此外还有 Rho8 法[102]、DEMON 法[103]、Lea 法和 D∞ 法[104]等。本次研究采用常用的 D8 法:假设单个栅格中的水流只能流入与之相邻的 8 个栅格中。它用最陡坡度法来确定水流的方向,即在 3×3 的 DEM 栅格上,计算中心栅格与各相邻栅格间的距离权落差(栅格中心点落差除以栅格中心点之间的距离),取距离权落差最大的栅格为中心栅格的流出栅格。

多流向法的提出比较晚,于 1991 年由 Quinn 等[105]提出,但它的应用比较少。这种方法所考虑的仍然是中心栅格与其周围的 8 个栅格之间的关系,其产流仍然是点源,水流路径也是一维的线,由中心栅格中心点指向相邻栅格中心点,唯一的不同就是将水流按坡度的比例分散地分配给高程较低的相邻栅格。同时,Freeman[106]曾提出将水流按指数方法分配。

确定流向判定方法后,依次扫描每个栅格确定其流向,然后在流向矩阵里保存流向代码,如图 2-1 所示。

2.1.3 水系及子流域划分

2.1.3.1 水系生成

1. 栅格集流面积和河系栅格的确定

确定每个栅格的流向后,得到流域的水流流向分布图(flow direction raster

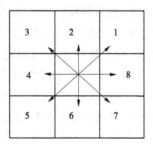

图 2-1 水流方向判断示意图

image),然后就可以计算每个栅格的集水面积。集水面积指水流汇入本栅格的所有栅格面积之和。只有集水面积达到或超过某一阈值,才能形成河网,因此在提取水系前要先确定一个集水面积阈值。算法首先初始化集水面积矩阵为0,然后依次扫描流向矩阵,从第一个栅格出发,沿水流方向追踪直至到达流域出口。位于追踪路线上的每个栅格,其相应的集水面积增加一个栅格单位。当整个流向矩阵扫描完毕,集水面积矩阵中的数值再乘以每个栅格占有的面积,就是我们所要求的最终集水面积矩阵。根据给定的阈值,不低于给定阈值的栅格标记为1,否则标记为0,这样就可以得到整个流域的河流栅格分布图(channel network rater image)。

在上述工作完成后,就可以对数字河道网络的拓扑结构特征进行科学分析和描述,其中两个主要内容是河道分级和节点编码。

2. 河道分级

为了区别干支流,常采用斯特拉勒(Strahler)河流分级法进行分级。该法可表述为:直接发源于河源的小河流为一级河流;两条同级别的河流汇合而成的河流级别比原来高一级;两条不同级别的河流汇合而成河流的级别为两条河流中的较高者。以此类推至干流,干流是水系中最高级别的河流。在进行河道分级时,采用"从上游向下游"的处理顺序。也就是从河源节点开始,按水流流向顺着河道一直到流域出口。这样做的原因很简单:只有先知道上游河道的 Strahler 级数,我们才能确定下游河道的级数。具体执行时,首先将所有的一级河段确定出来;然后将所有的二级河段确定出来;如此依次对更高级的河段进行定级。一级河段的确定方法和二级河段的确定方法有些区别;而二级河段和更高级河段的确定方法完全一样。假定河道栅格分布图已知,用属性值100来代表河道栅格,用0来表示背景。对其进行扫描,找出所有的起源节点,并记下这些源节点的行和列的坐标值,并将属性值改为 -1(河段级别1的负数)。从某个起源节点开始,顺着水流流向搜寻到下一个栅格,进行如下判别。如果当前栅格不是汇流节点,那么属性值改为 -1,然后从当前栅格顺着水流流向继续搜寻。一旦当前栅格是汇流节点,那么属性值改为2,表明该栅格是二级或者更高级河段栅格,记下当前节点及其相邻上游栅格的行和列的坐标值之后,终止在这个河段上的搜寻,转向其他未定河段的起源节点,重复上述过程,直到所有的一级河段被搜寻和属性值变成 -1。在全部搜寻完成后,在河道栅格分布图上属性值为 -1 的栅格都是一级河段,如图 2-2 所示。确定一级河段的具体流程如下:

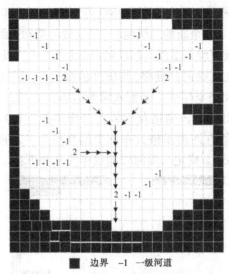

图 2-2 确定一级河道示意图

(1)搜寻出所有源节点,总数记为 N。

(2)对第 i 个源节点($i = 1, 2, \cdots, N$):①记下源节点的行和列坐标值。②将源节点属性值改为 -1。③按水流方向找到下游相邻栅格。④下游相邻栅格变成当前栅格,进行如下判别:如果当前栅格不是汇流节点,则属性值改为 -1,转向步骤③;如果当前栅格是汇流节点,其属性值改为 2,记录该栅格及其相邻上游栅格的行和列坐标值,i 值增加 1,转向步骤(2)。

(3)一级河段搜寻结束。

二级河段的搜寻必须从二级河段的起点开始,搜寻过程为:首先确定一个属性值为 2 的栅格是否为一个二级河段的起点。如果该栅格上游相邻入流栅格的级数都已知为一级(属性值 -1),则该栅格为一个二级河段的起点,将属性值改为 -2(河段级别 2 的负数)。然后按照水流方向,找到下游相邻的栅格。如果当前栅格不是汇流节点,那么当前栅格为二级河段栅格,其属性值改为 - 2,继续向下游搜寻。如果当前栅格是汇流节点,这时有 3 种可能情况:①汇入河段的级数已知,为一级(其属性值 -1),这样当前栅格仍然为二级河段栅格,其属性值改为 -2。记录该栅格及相邻上游栅格的行和列坐标值,以当前栅格为起点,重新开始搜寻一个新的二级河段,即一级河道和二级河道交汇处栅格仍然属于二级河段。②汇入河段的级数已知,为二级(属性值 - 2),这样当前栅格为三级河段栅格,其属性值改为 3。记录该栅格及相邻上游栅格的行和列坐标值。③汇入河段的级数未知,也将当前栅格的属性值改为 3,并记录该栅格及相邻上游栅格的行和列的坐标值。在全部搜寻完成后,在河道栅格分布图上属性值为 - 2 的栅格都是二级河段(参见图 2-3)。确定二级河段的具体流程如下:

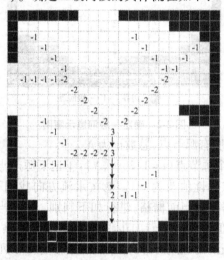

图 2-3　确定二级河道示意图

（1）搜寻出真正的二级河段的起始节点,总个数记为 M。

（2）对第 j 个二级河段的起始节点($j = 1,2,\cdots,M$):①记录起始节点的行和列的坐标值。②将起始节点属性值改为 -2。③按水流方向找到下游相邻栅格。④下游相邻栅格变成当前栅格,进行如下判别:如果当前栅格不是汇流节点,则属性值改为-2,转向步骤③;如果当前栅格是汇流节点,且汇入河段的级数为一级,则当前栅格的属性值改为-2,记录该栅格及其相邻上游栅格的行和列的坐标值,转向步骤③;如果当前栅格是汇流节点,而且汇入河段的级数为二级,则当前栅格属性值改为3,记录该栅格及其相邻上游栅格的行和列的坐标值,i值增加1,转向步骤(2);如果当前栅格是汇流节点,且汇入河段的级数未知,则当前栅格属性值改为3,记录该栅格及其相邻上游栅格的行和列的坐标值,i值增加1,转向步骤(2)。

(3)二级河段搜寻结束。

第三级及更高级河段的搜寻方法和二级河段的搜寻方法完全一样。当所有的河段都被分级后,河道栅格分布图上的属性值要么是负整数值,要么是0。接着对河道栅格分布图上所有的属性值取绝对值,那么每个栅格上的正整数值就表示了所属河段的 Strahler 级数。除河道栅格分布图外,上述步骤还相应得到了一张河段分级信息属性表,可记载每个河段的起点位置、终点位置及 Strahler 级数。

3. 节点编码

节点编码过程就是对河道网络中的所有节点进行有规则的赋索引号(index number)。在河段分级工作全部完成,并且得到了河段分级信息属性表之后,就可在此基础上进行节点编码。在进行河段节点编码时,采用"从出口节点到上游再回到出口节点"的处理顺序。这样做可以保证编码过程的连续性。河段节点编码的具体流程如下(见图2-4):

(1)流域出口节点的级别索引号赋值为1,因为流域出口只可能有一个,因此当前节点排序索引号为1。

(2)记流域出口节点为当前节点。

(3)从河段分级属性信息中找出流入当前节点的所有上游河段,其数目记为L。①如果$L=1$,这种河段只有一条,那么该河段的上游节点的索引号是当前节点索引号的下一个整数。新编码的节点就变成当前节点,转向步骤(3);②如果$L>1$,这种河段不止一条,那么找出最左边的一条河段,该河段的上游节点的索引号是当前索引号的下一个整数值。新编码的节点就变成新的当前节点,转向步骤(3);③如果$L=$

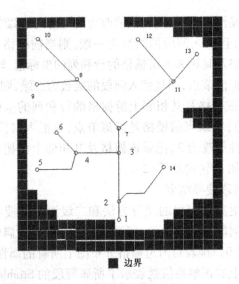

■ 边界

图2-4 河道节点编码示意图

0,就说明当前节点是源节点,转向步骤(4)。

(4)从河段分级信息表中找出当前节点的下游节点,令该节点变成新的当前节点。①若当前节点的所有相邻上游节点的索引号已定,转向步骤(4);②如果当前节点的相邻上游节点的索引号还有未定部分,转向步骤(3)。

(5)所有节点编码结束。

2.1.3.2 子流域划分

常用的子流域的确定方法分两步进行。第1步,在河道节点编码的基础上进行初步的划分;第2步,要对第1步产生的很小的子流域进行合并。首先要给出子流域大小的阈值,该阈值同河网的阈值意义相同。通过这个阈值按照上面的方法即可定出有编号的河网。初步的子流域即是每段河网的流入区域。这样定出来的子流域可能因为河段较短而出现很小的子流域,下一步就是将这些小流域进行合并。流域合并的方法很多,最容易实现的是合并到它流入的那个子流域。如果要使子流域的形状尽可能地成为凸边形,最好合并到其相邻的子流域。

假设河流节点索引号的最大值为I,在河系节点编码的基础上进行子流域的划分。具体实现步骤如下：

(1)设定一个阈值。

(2)通过流向确定每个河网节点的入流网格。

(3)从节点1开始,能够流入到河网节点的所有网格都编上该节点的号。如节点1是流域的出口,流入出口的汇流网格是全流域,则给全流域的网格都标上1。再找节点2的所有汇流网格,所有能够流入节点2的网格编号由1变成了2,如此进行下去,每个节点的网格的汇流区域的网格号依次在前一个子流域编号的基础上加1,直至所有的河系节点都找出自己的汇流网格并赋予子流域编号,每条河段的流向即是子流域的流向。

(4)搜索结束,共搜索出 I 个子流域。

(5)步骤(4)结束后很容易出现面积很小的子流域,所以要计算出子流域的面积,如果存在面积小于阈值的子流域,将其编号改为其流入子流域的编号,排在其后面的子流域编号减1,子流域流向依次修改。如此即可保证所有子流域的面积都大于阈值。

(6)子流域的边界的确定,在经过上述5个步骤后,每个网格都有一个子流域编号区域对应,如果某个网格周围的网格数少于8个或者周围8个网格的子流域编号有其中1个与其子流域编号不同,则该网格为子流域边界网格。

上述子流域划分方法是在河道分级和节点编码的基础上进行的,其过程较为复杂。本书提出了根据河道节点汇入网格集流面积进行子流域划分的新的子流域划分方法。

在河系网格确定之后,那些有两个或两个以上河系网格汇入的河系网格称为河道节点网格。直接汇入河道节点网格的上游网格称为河道节点汇入网格。假设流域总出口网格不是河道节点网格,假设有 n ($n \geq 1$)个河道节点,其中第 i($1 \leq i \leq n$)个节点的汇入网格有 $k(i)$ 个,则总共有 $\sum_{i=1}^{n} k(i)$ 个河道节点汇入网格,加上流域总出口网格共 $\sum_{i=1}^{n} k(i)$ $+1$ 个网格,则对 $\sum_{i=1}^{n} k(i) + 1$ 网格按照集流面积的大小进行排序,此时每个节点汇入网格及流域总出口网格对应一个序号,设第 $j(1 \leqslant j \leqslant \sum\limits_{i=1}^{n} k(i)$ $+1)$ 个网格的序号为 $p(j)$。从排序为 1(排序为 1 的肯定是流域总出口网格)的那个网格开始,所有汇入该网格的网格子流域属性变为 1,然后所有汇入排序为 2 的网格的编号子流域属性变为 2,依此类推,一直到第 $\sum\limits_{i=1}^{n} k(i)+1$ 个网格。这样每个网格都归属于一个子流域,得到 $\sum\limits_{i=1}^{n} k(i)+1$ 个子流域。这时容易出现面积很小的子流域,所以要计算出子流域的面积,如果存在面积小于阈值的子流域,将其编号改为其流入子流域的编号,排在其后面的子流域编号减 1,子流域流向依次修改。如此即可保证所有子流域的面积都大于阈值。子流域出口网格的流向就是子流域的流向,它确定了子流域之间的拓扑关系。该方法的具体步骤如下:

(1)设定一个阈值。

(2)通过流向确定每个河网节点的入流网格,与流域总出口网格一起按照河网节点的入流网格集流面积的大小进行排序。这样每个节点入流网格及流域出口网格都对应一个排序编号。

其余步骤同上述在河系节点编码的基础上进行子流域的划分(3)、(4)、(5)、(6)步骤,这样划分出来的子流域同前述方法划分出来的子流域相同,但方法简单,省去了河道节点编码等步骤。

此处的子流域是根据河道定出的,更符合水文学的思想,方便水文模型的计算,提高水文模型的模拟精度。子流域之间通过子流域的流向确定了拓扑关系。

2.1.4　子流域网格汇流时间

熊立华、彭定志曾提出一个经验公式[107]来计算栅格的流经时间,公式如下:

$$\tau_i = \frac{\Delta l}{a (s_i)^b} \tag{2-1}$$

式中:Δl 为网格中心到流域出口的距离;s_i 为第 i 个栅格出流方向上的

坡度;a 为参数,具有速度的量纲;b 为幂指数,反映坡度大小对流速的影响,当 b 值为 0 时,就相当于假设流速在整个流域内均匀分布,与坡度无关。

本次研究为了体现水土保持措施的实施对流域径流汇流的影响,在式(2-1)基础上加上能够反映下垫面糙率的参数 n_i:

$$\tau_i = \frac{\Delta l}{n_i a (s_i)^b} \tag{2-2}$$

计算栅格汇流时间的步骤如下:

步骤 1:将子流域内的每一个栅格按高程从低到高排序。假定子流域内的 DEM 总共有 N 个栅格,那么按高程从低到高排序后第 N 个栅格应该是流域最高栅格,而第一个栅格即为流域出口断面。

步骤 2:根据式(2-2)依次计算每个栅格的流经时间 τ_i。

步骤 3:对于出口断面处的栅格,其汇流时间为 $t_1 = \tau_1$。

步骤 4:对于 $i \geq 2$ 的栅格,周围 8 个栅格中高程相对要低的那些栅格,其汇流时间都已经计算出来。当周围 8 个栅格中只有一个栅格的高程相对要低,其序号为 $j(j < i)$,汇流时间为 t_j,则第 i 个栅格的汇流时间为

$$t_i = \tau_i + t_j \tag{2-3}$$

当周围 8 个栅格中有几个栅格的高程相对要低,其序号分别为 j_1,$j_2, \cdots, j_k(j_t < i, t = 1, 2, \cdots, k; k \leq 8)$。若采用最陡坡度法确定的唯一流向为 $i \to j_r$,则

$$t_i = \tau_i + t_{j_r} \tag{2-4}$$

式(2-4)是一种简单而常用的计算汇流时间的方法,在山区流域比较适用。但是在地表坡度并不显著的地方,水流可能呈发散状,必须采用多向出流分配法,因而计算汇流时间的公式也应不同。针对多向出流分配法,熊立华等提出了两种比较简单的汇流时间计算公式:多向平均法(式(2-5))和坡度权重法(式(2-6)):

$$t_i = \tau_i + \frac{1}{k} \sum_{r=1}^{k} t_{j_r} \tag{2-5}$$

$$t_i = \tau_i + \sum_{r=1}^{k} s_{j_r} t_{j_r} \bigg/ \sum_{r=1}^{k} s_{j_r} \tag{2-6}$$

其中，$s_{j_r} = \max\{s_{j_1}, s_{j_2}, \ldots, s_{j_k}\}$。

2.2 基于栅格和地形的分布式水文模型构建

2.2.1 基于叶面积指数的冠层截留量的时空差异研究

地表植被除改善土壤的入渗能力、减小雨滴对土壤冲击力的功能外，冠层截留也是减少土壤流失的一个重要因素。而冠层截留量的大小和植被的类型、生长情况有关，相同的植被在生长旺期，冠层截留量要比冬季截留量大，因此在同一地区研究冠层截留量主要就是根据植被的年内生长情况进行截留量的差异性研究。但是根据江西省水利规划设计院编写的修河流域规划报告(1993)，修河流域的主要森林植被覆盖类型为常绿阔叶林、针叶林、针阔混交林等。本书研究忽略植被冠层截留年内的变化，仅仅研究冠层截留量的空间差异性。本书利用遥感影响资料获取植被 NDVI 的时空分布的差异性，同时建立 NDVI 与叶面积指数(LAI)的关系来获取叶面积指数，进而利用叶面积指数来研究植被的冠层截留的时空差异性。

2.2.1.1 基于 TM 遥感影像的 NVDI 值提取

以 1995 年修河流域的 Landsat TM 影像为数据源，用遥感数字图像处理软件 ERDAS 8.6 和 ARGIS 9.0 进行数据处理。遥感作为一种覆盖范围广、速度快、能够提供真实情况的调查手段，在提取植被覆盖信息方面具有明显的先进性。遥感技术是建立在物体电磁波辐射理论基础之上的，不同物体对电磁波的辐射、反射特性不同。为了充分利用 TM 图像的信息，选取适用于制备覆盖遥感调查的 TM 图像波段组合，根据绿色植物的生理特点和植物反射波普特性，选择 TM2、TM3、TM4 波段分别配以蓝、绿、红 3 色合成 7 波段假彩色图像，此合成图制备表现为红色，图像色彩丰富，优于其他波段组合，有利于地表植被覆盖度信息的提取。

卫星影像光谱值可以利用波段之间的操作分析，或者是利用多波段组合进行分析。其中，最常用的便是植被指数(Vegetation Index)。

它是多光谱遥感数据经线性和非线性组合构成的对植被有一定指示意义的各种数值。植被指数其实也是一种影像比例的方法,它可以消除传感器任何外来的多重影响。

植被指数多以红波段和近红外波段组合为主,这些波段在气象卫星和地球观测卫星上都普遍存在,且包含了 90% 以上的植被信息,植被指数的定量测量可表明植被活力,而且植被指数比单波段用来探测生物量有更好的敏感性和抗干扰性。可用来诊断植被一系列生物物理参量叶面积指数(LAI)、植被覆盖率、生物量、光和有效辐射吸收系数($APAR$)等,反过来又可以用来分析植被生长过程、净第一生产力(NPP)和蒸散等。在生物量遥感估算中,植被指数的选取甚为关键,应用不同植被指数所得结果不同,甚至相差悬殊。因为植被指数受生物含水量、年龄、虫害、叶面排列等生物因子和土壤亮度、湿度、大气等环境因子以及遥感定标、光谱效应等各因子的影响,而不同植被指数对影响因子的敏感度也不相同。本书使用常规化差异植被指数($NDVI$)来分析林冠层截留量的时空差异,同时计算土壤流失方程中因子 C 的计算。

因绿色植物有吸收蓝光、红光及强烈反射近红外光的特性,因此在资源的探测上常使用多光谱信息,判别植被反射量的多少,多使用可见光与近红外光的比值或差值,即所谓的植被指数变化情况,计算公式如下:

$$NDVI = \frac{IR - R}{IR + R} \tag{2-7}$$

式中:$NDVI$ 为常规化差异植被指数;IR 为近红外光辐射值;R 为红外光辐射值。

植被指数介于 $-1 \sim +1$,小于零的像元值,通常属于非植被的云层、水域、道路基建筑物像元,故植被指数愈大,绿色生物量越大。$NDVI$ 为绿色植物探测最常用的指标,因为绿色植物生长越旺盛,其吸收的红外光越多,红外反射越强,期间的差距也越大。

由式(2-7)可以看出,当近红外光辐射值 IR 与红外光辐射值 R 之和为零时则有可能出现正无限大或者负无限小的错误,为了避免出现此类错误,需要对 *NDVI* 的计算在 ERDAS 软件的 Modeler—Mmodel Maker 中进行简单的编写公式就可以避免出现此类错误的出现。研究区域植被指数分布如图 2-5 所示。

高 :0.619 93
低 :−0.312 88

图 2-5　研究区域植被指数分布图

2.2.1.2　基于叶面积指数的植被冠层截留时空差异性分析

林地的冠层截留主要参考刘世荣、温光远等[108]的研究成果,根据研究区域的实际植被类型进行估算。常绿阔叶林、杉木林、马尾松林冠层截留量公式分别为

$$I_1 = 0.032P + 1.123 \qquad (2-8)$$

$$I_2 = 0.075\,3P + 1.779\,9 \qquad (2-9)$$

$$I_3 = 0.044P + 1.923\,4 \qquad (2-10)$$

根据江西省水利规划设计院编制的"修河流域规划报告",常绿阔叶林、杉木林、马尾松林所占比例分别为 2%、64%、36%,因此冠层截留量的估算公式为

$$I = 0.02I_1 + 0.64I_2 + 0.36I_3 \qquad (2-11)$$

对于其他植被类型最大冠层截留量 *SD* 设定如下:灌木林地及经济果林 3 mm、稀疏林地 2 mm、高度覆盖草地 1.5 mm、中度覆盖草地 1 mm、低度覆盖草地 0.5 mm、梯田及坡耕地耕作期按照高盖度草地处理。为了反映冠层截留的空间变化,利用遥感资料 TM 影响的红外及近红外辐射值计算各个网格的常规化差异植被指数(*NDVI*)。王库、史学正等[109]研究了江西兴国县叶面积指数与植被指数之间的统计关

系,由于本书研究区域与其研究区域相距不远,因此本书借鉴了其研究成果,常规化差异植被指数 $NDVI$ 与叶面积指数的统计关系为

$$LAI = 10.292 \times NDVI + 0.9032 \quad (R = 0.7015) \quad (2\text{-}12)$$

设 LAI_k 表示第 k 种植被覆盖的 LAI 最大值, LAI_{ik} 表示第 i 个网格第 k 种植被覆盖下 LAI 值。第 k 种植被覆盖下第 i 个网格的最大冠层截留量 SD_{ik} 可表示为

$$SD_{ik} = SD \times LAI_{ik}/LAI_k \quad (2\text{-}13)$$

输入研究区域的 $NDVI$ 资料就可以计算冠层截留的空间分布值。由冠层最大截留对网格内降水 P_i 进行修正,确定有效降雨 $P_{i有效}$。设 IC_{t0} 为时段初的冠层蓄水量, IC 为加上该时段截留的冠层蓄水量则有下式:

当 $IC_{t0} + P_i < SD_{ik}$ 时

$$IC = IC_{t0} + P_i \quad 及 \quad P_{i有效} = 0 \quad (2\text{-}14)$$

当 $IC_{t0} + P_i \geqslant SD_{ik}$ 时

$$IC = SD_{ik} \quad 及 \quad P_{i有效} = P_i - (SD_{ik} - IC) \quad (2\text{-}15)$$

冠层蒸发由下式计算:

当 $IC < E_0$ 时

$$E_c = IC \quad (2\text{-}16)$$

当 $IC \geqslant E_0$ 时

$$E_c = E_0 \quad (2\text{-}17)$$

$$IC_{t1} = IC - E_c \quad (2\text{-}18)$$

式中: E_0 为潜在蒸发量; IC_{t1} 为时段末冠层蓄水量,潜在蒸发量按实测蒸发量资料计算。

2.2.2　基本假设与方程

基于地形和栅格的分布式水文模型以 TOPMODEL 产汇流原理为框架,最初的 TOPMODEL 模型是建立在以下三个假设的基础上的:

(1)壤中流始终处于稳定状态。

(2)地下水面平行于地表面[110]。

(3)土壤饱和水力传导度随深度增加呈指数递减,且在整个流域

上是定值。

TOPMODEL 模型以以上三个假设为基础,推导出了流域的产流公式,再计算出地形指数,认为地形指数相同的栅格产流相同,计算出具有相同地形指数栅格的产流量,再以面积为权重计算出整个流域的平均产流量,最后采用类似等流时线的方法将流域上的水量汇合到流域出口。依此可见,TOPMODEL 模型是一个半分布式水文模型,对降水、蒸散发、土壤含水量等的不均匀性分布考虑很不够,当流域面积增大时,假设(3)的适用性将受到很大的质疑,为了研究的需要,本书将采用子流域内网格汇流的方式将各个网格的产流汇流到子流域出口。

饱和水力传导度是一个很不稳定的参数,即使相同的用地类型,在不同的地方会有很大的变化。本次研究假定理想的全流域均匀分布的裸地的饱和水力传导度是一个定值,各土地利用类型相对于裸地饱和水力传导度的比例是一定的,由此来估算不同的土地利用类型的饱和水力传导度。在此基础上,作者重新推导出单元栅格上的产流公式,建立了以子流域为基础的简化汇流计算公式。

原 TOPMODEL 模型假设在流域内任何一处的土壤里有三个不同的含水区:第一个是植被根系区,用 S_{rz} 来表示;第二个是土壤非饱和区,用 S_{uz} 来表示;第三个就是饱和地下水区,用饱和地下水面距流域土壤表面的深度 Z_i (也叫缺水深度)来表示。降水的运动规律假定如下:降水首先被植被冠层截留后渗入植被根系区,存贮在根系层的水部分被蒸发,部分进入土壤非饱和区。非饱和区的土壤水以一定的速率 Q_v 垂直进入饱和地下水带,然后通过侧向运动形成壤中流(也叫基流) Q_b。如果饱和地下水面不断抬高,在流域某一山脚低洼汇合处冒出,形成坡面饱和流 Q_s。其物理概念示意图见图 2-6。

某一点饱和地下水水面距流域表面的深度 z_i 的计算是 TOPMODEL 的计算重点,为此采用了上述三个假设推导模型基本方程,具体如下:

第一个假设是该水层中的壤中流始终处于稳定状态,即任何地方的单位过水宽度的壤中流速率 q_i 等于上游来水量,即

$$q_i = R \cdot a_i \tag{2-19}$$

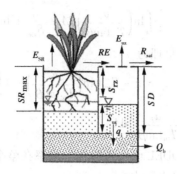

S_{rz}—植被根系层缺水量；S_{uz}—重力排水层蓄水量；Q_b—基流；q_i—壤中流速率；

RE—超渗产流量；SR_{max}—根区最大容水量；R_{sat}—饱和坡面流；

SD—饱和缺水量；E_{SR}—植被蒸发量；E_{uz}—土壤蒸发量

图 2-6　TOPMODEL 物理概念示意图

式中：R 为流域产流速率，假定在全流域均匀分布；a_i 为单宽集水面积。

第二个假设就是饱和地下水的水力坡度 dH/dL 由地表局部坡度 $\tan\beta$ 来近似。根据达西定律，壤中流速率 q_i 又可表示为

$$q_i = T_i\tan\beta_i \qquad (2\text{-}20)$$

式中：T_i 为点 i 处的饱和导水率，m^2/h。

第三个假设就是导水率为饱和地下水水面深度的负指数函数，即

$$T_i = T_{0i}\exp(-z_i/S_{zm}) \qquad (2\text{-}21)$$

式中：T_{0i} 为点 i 处的饱和导水率；S_{zm} 为非饱和区最大蓄水深度，m。

根据以上三个假设，联立式（2-19）~式（2-21）得到：

$$R \cdot a_i = T_{0i}\tan\beta_i\exp(-z_i/S_{zm}) \qquad (2\text{-}22)$$

由式（2-22）可以解出

$$z_i = -S_{zm}\ln\left(\frac{a_i R}{T_{0i}\tan\beta_i}\right) \qquad (2\text{-}23)$$

整个流域的平均地下水面深度可表示为

$$\bar{z} = \frac{1}{A}\int_A dA = \frac{S_{zm}}{A}\int_A\left[-\ln\left(\frac{a_i}{T_{0i}\tan\beta_i}\right) - \ln R\right]dA \qquad (2\text{-}24)$$

利用式（2-22）消去 R，式（2-24）可整理为

$$\bar{z} = S_{zm}\left[-\frac{1}{A}\int_A \ln\left(\frac{a_i}{T_{0i}\tan\beta_i}\right)dA + \frac{z_i}{S_{zm}} + \ln\left(\frac{a_i}{T_{0i}\tan\beta_i}\right)\right] \quad (2\text{-}25)$$

式(2-25)又可整理为

$$z_i = \bar{z} - S_{zm}\left[\ln\left(\frac{a_i}{T_{0i}\tan\beta_i}\right) - \lambda\right] \quad (2\text{-}26)$$

式中：$\lambda = \dfrac{1}{A}\int_A \ln\left(\dfrac{a_i}{T_{0i}\tan\beta_i}\right)dA$。

在原来 TOPMODEL 中认为饱和导水率在整个流域上是均匀分布的，因此式(2-26)可表示为

$$z_i = \bar{z} - S_{zm}\left[\ln\left(\frac{a_i}{\tan\beta_i}\right) - \lambda^*\right] \quad (2\text{-}27)$$

式中：$\lambda = \dfrac{1}{A}\int_A \ln\left(\dfrac{a_i}{\tan\beta_i}\right)dA$。

因此，某点饱和地下水面的深度 z_i 由该处的地貌指数 $\ln\left(\dfrac{a_i}{\tan\beta_i}\right)$ 来控制。流域内 $\ln\left(\dfrac{a_i}{\tan\beta_i}\right)$ 值相等的任何两点具有水文相似性。

本书假设具有相同下垫面植被覆盖及土壤类型的地区饱和导水率 T_0 是相同的。设流域内下垫面分为 m 种植被覆盖类型及 n 种土壤类型，且每个网格内的下垫面植被覆盖及土壤类型是均匀的。

假设当流域内第 k 种土壤类型无植被覆盖时的表层饱和水力传导度为 T_{0k}，整个流域内具有相同土壤类型及植被覆盖的网格的饱和水力传导度 $T_{0kt}(t\in[1,m],k\in[1,n])$ 与 T_{0k} 的比为一定值 $\psi_t = \dfrac{T_{0kt}}{T_{0k}}(t\in[1,m],k\in[1,n])$，在 n 种土壤类型中第 j 种土壤类型的土壤表层饱和水力传导度最小为 T_0，第 k 种土壤类型表层土壤饱和水力传导度 T_{0k} 和 T_0 的比值为一常数 $\varphi_k(k\neq j)$，称 ψ_t 为栅格单元的植被因子 φ_k 为土壤因子值，则式(2-25)可表示为

$$\bar{z} = S_{zm}\left[-\frac{1}{A}\int_A \ln\left(\frac{a_i}{T_0\psi_i\varphi_i\tan\beta_i}\right)dA + \frac{z_i}{S_{zm}} + \ln\left(\frac{a_i}{T_0\psi_i\varphi_i\tan\beta_i}\right)\right]$$

$$= S_{zm} \left[-\frac{1}{A} \int_A \left(\ln \left(\frac{a_i}{\psi_i \varphi_i \tan\beta_i} \right) - \ln T_0 \right) dA + \frac{z_i}{S_{zm}} + \ln \left(\frac{a_i}{\psi_i \varphi_i \tan\beta_i} \right) - \ln T_0 \right]$$

$$= S_{zm} \left[-\frac{1}{A} \int_A \ln \left(\frac{a_i}{\psi_i \varphi_i \tan\beta_i} \right) dA + \frac{z_i}{S_{zm}} + \ln \left(\frac{a_i}{\psi_i \varphi_i \tan\beta_i} \right) \right] \quad (2\text{-}28)$$

则式(2-26)可表示为

$$z_i = \bar{z} - S_{zm} \left[\ln \left(\frac{a_i}{\psi_i \varphi_i \tan\beta_i} \right) - \lambda^* \right] \quad (2\text{-}29)$$

式中：$\lambda^* = \dfrac{1}{A} \int_A \ln \left(\dfrac{a_i}{\psi_i \varphi_i \tan\beta_i} \right) dA$；$\psi_i$、$\varphi_i$ 分别为第 i 个网格的植被因子值和土壤因子值。

此时，某点饱和地下水面的深度 z_i 由该处的 $\ln \left(\dfrac{a_i}{\psi_i \varphi_i \tan\beta_i} \right)$ 来控制，该参数既反映了流域内某点的地貌情况，也反映了该点的地表覆盖及土壤类型情况。流域内 $\ln \left(\dfrac{a_i}{\psi_i \varphi_i \tan\beta_i} \right)$ 值相等的任何两点具有水文相似性。流域内空间点的具体位置不再重要，最重要的是该点的地形指数值，因此地形指数 $\ln \left(\dfrac{a_i}{\psi_i \varphi_i \tan\beta_i} \right)$ 的分布具有十分重要的意义。

式(2-29)表明流域内任一点的饱和地下水面的深度 z_i 由流域平均饱和地下水面的深度 $\bar{z}$ 和地形指数 $\ln \left(\dfrac{a_i}{\psi_i \varphi_i \tan\beta_i} \right)$ 确定。计算出 z_i 后，$z_i \le 0$ 的面积就是产流面积，在这些面积上将产生饱和坡面流和壤中流。同时式(2-28)还表明地形指数较大的面积上越容易达到饱和。

2.2.3 产流模型

2.2.3.1 不饱和层水分运动

1. 重力排水

TOPMODEL 假定非饱和带水分流动是完全垂向的，即只考虑重力排水补给浅层地下水的那一部分水分运动，并且用不饱和层的排水通量 q_v（m）来表示，q_v 可用式(2-30)来计算：

$$q_v = \frac{S_{uz,i}}{D_i t_d} \tag{2-30}$$

式中：$S_{uz,i}$ 为点 i 处的不饱和层土壤蓄水量，m；t_d 为时间常数；D_i 为非饱和层土壤的蓄水能力，m，与地下水埋深有关，通常等同于地下水表面距流域地表深度。

设在任何时候水文单元进入土壤饱和层的通量是 q_{vi}，水文单元任一计算时段内地下水的全部补给量 Q_{vi} 为

$$Q_{vi} = q_{v,i} A_i \tag{2-31}$$

式中：A_i 为水文单元的面积，m^2。

2. 水分蒸发

本书设计模型中，蒸散发计算在垂向上分为两层：植被冠层截留的蒸发、土壤非饱和层蒸发。假定只有在冠层截留量蒸发完毕后，才会产生非饱和土壤层蒸发。冠层截留蒸发见式(2-16)~式(2-18)。土壤非饱和层蒸散发采用式(2-32)计算。

不饱和层中的蒸发遵循普遍被采用的形式：当 E_a 不能够直接给出时，用一个含有潜在蒸发 E_p 和根带蓄水的函数来计算实际的蒸发 E_a。Beven(1991)所提出的 TOPMODEL 中，不饱和层与饱和地表面上水分以完全蒸发能力蒸发。当重力排水层枯竭时，根带蓄水层中的水分依然以 E_a 的速率蒸发，公式如下：

$$E_a = E_p \left(1 - \frac{S_{rz}}{S_{rmax}}\right) \tag{2-32}$$

式中：S_{rz} 为根带缺水量，m；S_{rmax} 为根带最大允许缺水量，m。

蒸发能力 E_p 可由流域观测站的实际水面蒸发代替。在没有观测站的地方，可由正弦函数生成：

$$E_p = E_{min} + 0.5(E_{max} - E_{min})\{1 + \sin[2\pi(J/365) - \pi/2]\} \tag{2-33}$$

式中：E_p 为日蒸发能力，mm；E_{max} 为年最大的日蒸发量，mm；E_{min} 为年最小的日蒸发量，mm；J 为距 1 月 1 日的天数(不考虑闰年)。

由式(2-33)计算出日蒸发能力，再将其分配到每个时段。时段长度应不大于 24 h。

2.2.3.2 饱和层水分运动

饱和带的出流作为基流项 Q_b,每日网格进入主河道的基流量为:

$$Q_b(t) = \frac{8 \times K_{sat}(t)}{L_{gw}^2} \times h_{wihi}(t) \quad (2\text{-}34)$$

式中: $Q_b(t)$ 为 t 时段网格进入主河道(子流域出口)的基流量,mm/d; $K_{sat}(t)$ 为 t 时段土壤平均饱和渗透系数,m/h; L_{gw} 为网格到主河道(子流域出口)的距离,m; $h_{wihi}(t)$ 为 t 时段网格地下水位到子流域出口网格高程的差值,m,当 $h_{wihi} \leqslant 0$ 时该网格基流出流量为 0。

按照 TOPMODEL 的第三个假设有:

$$K_{s_i}(z) = K_{0_i} \exp(-f_i z) \quad (2\text{-}35)$$

式中: $K_{s_i}(z)$ 为单元栅格 i 上深度为 z 处的土壤饱和渗透系数; K_{0_i} 为单元栅格 i 上地表土壤的饱和渗透系数; f_i 为削减系数。

基流出流方程式(2-34)中平均饱和渗透系数可由式(2-36)得到:

$$K_{sat}(t) = \left(\int_{z_i(t)}^{z_i'} K_{0i} \exp(-f_i z) \mathrm{d}z \right) / (z_i' - z_i(t))$$

$$= \frac{K_{0i}}{f_i} \left[\exp(-f_i z_i(t)) - \exp(-f_i z_i') \right] / h_{wihi}(t) \quad (2\text{-}36)$$

式中: $z_i(t)$ 为 t 时段网格 i 地下水深度,m; z_i' 为网格 i 与子流域出口网格高程差值。

则式(2-34)可表示为

$$Q_b(t) = \frac{8 K_{0i}}{L_{gwi}^2 f_i} \left[\exp(-f_i z_i(t)) - \exp(-f_i z_i') \right] \quad (2\text{-}37)$$

式中: L_{gwi} 为网格 i 到子流域出口的距离。

土壤饱和导水率 T 计算公式如下:

$$T_i(z) = \int_z^{Z_i} K_{s_i}(x) \mathrm{d}x = \frac{K_{0i}}{f_i} \left[\exp(-f_i z) - \exp(-f_i Z_i) \right]$$

$$= \frac{1}{f_i} \left[K_{s,i}(z) - K_{s,i}(Z_i) \right] \quad (2\text{-}38)$$

式中: Z_i 为在第 i 个栅格上的饱和带底部深度,因为 $K_{s,i}(z) \gg K_{s,i}(Z_i)$,忽略 $K_{s,i}(Z_i)$,则有:

$$T_i(z) = \frac{K_{0_i}}{f_i}\exp(-f_i z) \tag{2-39}$$

式中：$T_i(z)$ 为网格 i 地面以下 z 处的饱和导水率。

2.2.3.3 饱和区水分动态变化计算

网格饱和地下水水面深度 z 的更新公式为

$$z_{t+1} = z_t + \frac{Q_v^t - Q_b^t}{A}\Delta t \tag{2-40}$$

式中：z_{t+1}、z_t 分别为下一计算时段和当前计算时段流域平均地下水深度；Q_b^t 为计算时段的壤中流；Q_v^t 为计算时段从非饱和含水带补给的水量；Δt 为计算步长。

利用式(2-40)就可以连续计算饱和区域内水位的动态变化。

初始平均饱和地下水水面深度 z 的确定方法如下。假如经过很长一段时间的干旱后，子流域出流只有基流，记为 $Q_b^1(\mathrm{m^3/s})$，则根据式(2-37)得到

$$Q_b^1 = \sum_{i=1}^{N} \frac{8K_{0i}}{(L_{gwi})^2 f_i}\left[\exp(-f_i z) - \exp(-f_i z_i')\right]A_i/(1\,000 \times 24 \times 3\,600)$$

$$= \sum_{i=1}^{N} \frac{K_{0i}}{1.08 \times (L_{gwi})^2 f_i}\left[\exp(-f_i z) - \exp(-f_i z_i')\right]A_i \times 10^{-7} \tag{2-41}$$

从而可以解出

$$z = -\frac{1}{f_i}\ln\left[\frac{1.08 \times Q_b^1 \times 10^7 + T_0\sum\limits_{i=1}^{N}\exp(-f_i z_i')\psi_i\varphi_i A_i/(L_{gwi})^2}{T_0\sum\limits_{i=1}^{N}\psi_i\varphi_i A_i/(L_{gwi})^2}\right] \tag{2-42}$$

式中：A_i 为第 i 个栅格的面积，$\mathrm{m^2}$。

2.2.3.4 饱和坡面流计算

在 $z_i \leqslant 0$ 时，即土壤达到饱和的地表面上将产生饱和坡面流，其计算公式为

$$Q_{fi} = \frac{1}{\Delta t}\max\{[S_{uz,i} - \max(z_i,0)],0\}A_i \qquad (2\text{-}43)$$

式中:Δt 计算步长,d;A_i 第 i 个栅格的面积,m^2;Q_{fi} 为第 i 个栅格产流量,m^3/d;$S_{uz,i}$ 为第 i 个栅格非饱和区土壤含水量。

2.2.4　汇流模型

原 TOPMODEL 模型在汇流时将坡面流与壤中流合在一起进行计算,假定径流在空间上相等,通过等流时线法进行汇流演算,求出单元流域出口处的流量过程。然后通过河道汇流演算,得到流域总出口处的流量过程,河道演算采用近似运动波的常波速洪水演算方法[111]。

本书在进行汇流计算时采用基于子流域的栅格汇流法对每块子流域进行汇流计算,得到子流域出口断面的流量过程。然后利用通过 DEM 提取的河网节点编号以及各节点之间的汇流关系,将各个子流域出口断面的流量过程进行"演算—汇合—演算"(简称"演—合—演"),最终得到整个流域出口断面的流量过程。

Muskingum"演—合—演"河网演算(见图 2-7)指的是将各个子流域的出口断面的流量过程作为河网各个支点的输入,采用 Muskingum 演算法演算到结点处,在结点处将各个支流的流量汇合后再采用 Muskingum 演算法演算到下一结点处,直至流域出口,图 2-8 显示了改进 TOPMODEL 模型的计算流程。

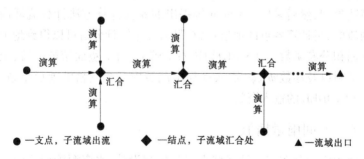

图 2-7　Muskingum"演—合—演"河网演算法示意图

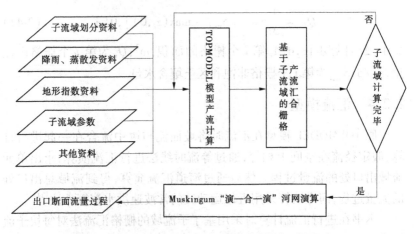

图 2-8　基于栅格的分布式水文模型计算产汇流流程

2.2.5　地形指数计算

　　为了使 TOPMODEL 能够模拟下垫面变化对流域产汇流的影响,模型以地形指数的空间格局来反映流域地下水水面深度的空间分布,预测产流面积的分布。模型假定地形指数相同的点具有相同的水文响应,用地形指数的分布情况来描述水文特性的空间不均匀性。

　　兰开斯特大学环境与生物科学研究所开发的 GRIDATB 模块专门用来由 DEM 数据计算网格地形指数。该模块模型首先对原始 DEM 进行填注处理,然后采用由 Quinn 等提出的 8 向计算方法计算流域内各点的流向,再计算各点的地形指数,最后经过统计分析可以得到地形指数—面积分布函数。在 GRIDATB 的基础上,将下垫面植被覆盖、土壤类型资料以及参数 ψ_i、φ_i 输入计算出流域内各个网格的地形指数,作为 TOPMODEL 的输入资料。

2.2.6　空间雨量插值

　　降水空间分布信息是区域水文分析与设计、水资源管理等的关键因素。在传统水文信息观测方式的前提下,一方面,精确的降水时空观测要求在流域上布设高密度的雨量计站网,这必然增加水文站布设及维护的费用。另一方面,建立降水空间分布模型,可采用两种方法,一种从气象学的观点出发,建立确定性的物理方程并模拟、预测降水的空间变化。然而建立这种模型需大量的气象数据,例如风向和风速、空气湿度及水气补给等。另一种方法是依据现有雨量计观测的点降水信息通过插值得到降水的空间分布。

关于数据的空间插值方法很多,主要有整体插值法、局部插值法、地学统计法(statistical methods)和混合插值法(mixed methods)4 类。实际上,地学统计法就是指克里金(kriging)插值法,是局部插值法的一种;而混合插值法则是指将整体插值法、局部插值法和地学统计法综合应用的一种方法。因此,空间数据插值方法可以归结为整体插值法、局部插值法 2 类。

本书以江西省 2005 年科技攻关计划项目《水土保持措施在水资源优化配置中的作用及机理研究》为依托,本次的研究区域为山区且水文站点比较稀疏,根据实际情况本书选择根据距离平方反比法进行降雨空间插值。

距离平方反比插值方法最早由 Shepard[112] 提出,并逐步得到发展。此类型的插值方法都属于距离权重系数方法系列,它们的一个原则就是给予距离近的点的权重大于距离远的点的权重[113]。其数学表达式为

$$v_e = \sum_{j=1}^{n} w_j v_j \qquad (2-44)$$

式中:$v_j(j=1,2,\cdots,n)$ 为第 j 个观测点的降水量观测值;w_j 为其对应的权重系数,权重系数 w_j 的计算是关键问题,不同类型的距离反比的差别就是权重系数的计算公式不同,因而最后的插值结果也有细微的差别。

权重系数 w_j 一般由下式给出:

$$w_j = \frac{f(d_{ej})}{\sum_{j=1}^{n} f(d_{ej})} \qquad (2-45)$$

式中:n 为已知监测点数;$f(d_{ej})$ 为对于插值点 (x_e, y_e) 与已知点

(x_j, y_j) 之间距离 d_{ej} 的权重函数,最常用的一种形式是:

$$f(d_{ej}) = \frac{1}{d_{ej}^b} \tag{2-46}$$

式中:b 为合适的常数,当 b 取值为 1 或 2 时,对应的是距离倒数插值和距离倒数平方插值,b 也可以对不同的已知点选择不同的值,即 b_j。

很显然,在参数 b 增加或者距离 d 增加时权重都趋于 0,在 d 趋于 0 时权重系数逼进无穷大。这样很容易产生"屏蔽"效应,也就是说,当插值点周围的数据点分布不是十分均匀时,距之最近的点的权重系数最大,其变量值的影响也最大,几乎掩盖了其他已知点的影响。

针对以上情况,Caruso(1998)提出了对权重系数 w_j 的另外一种取值形式:

$$w_j(d) = \begin{cases} \dfrac{1}{d_{\min}^2} & d \leqslant d_{\min} \\[2ex] \dfrac{1}{d^2} & d_{\min} < d < d_{\max} \\[2ex] 0 & d \geqslant d_{\max} \end{cases} \tag{2-47}$$

式中:d 为待估点 (x_e, y_e) 与点 (x_j, y_j) 之间的距离;$d_{\min}$ 为最短距离;$d_{\max}$ 为最长距离。

$d_{\min}$ 可以防止在距离为 0 时权重取无限大,$d_{\max}$ 避免使用距离太远的数据点。如果在以 $d_{\max}$ 为半径的圆内没有数据点,则以数据点的平均值作为待估点的变量值。

与最近邻法相似,只需知道已知点坐标数据和变量值以及未知点的坐标数据,我们就可以进行插值计算。不同的是要选择权重函数,也就是参数 b 的选择。如果采用 Caruso(1998)提出的权重系数的计算公式,同时需要指定最长距离 $d_{\max}$ 和最短距离 $d_{\min}$,降水量空间插值计算流程见图 2-9。。

利用 1993~1995 年的噪口水 8 个雨量站的降雨观测资料,采用交叉验证法对 b 值进行了选择,验证结果如表 2-1 所示。

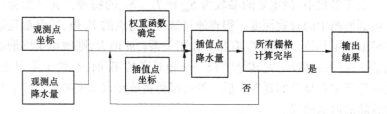

图 2-9   降水量空间插值示意图

表 2-1   不同 b 值交叉验证结果

b 值	平均误差	平均绝对误差	平均误差平方和的平方根
$b = 1$	− 0.263	1.730	5.511
$b = 2$	− 0.242	1.766	6.063
$b = 3$	− 0.261	1.818	6.413
$b = 4$	0.114	2.036	6.899

由表 2-1 可以看出,当 $b = 1$ 时插值效果略优于其他情况,因此在本研究区域取 $b = 1$,d_{min} 取值 45 m,即当某网格距离某雨量站的距离小于或等于 45 m 时其余雨量站降水量对该网格降水量没有影响,该网格的降水量等于离其最近的那个网格的降水量,这样就避免了因距离等于 0 而出现计算错误。

2.3   模型主要参数

除地形指数以外,本书所用模型参数主要有 8 个:S_{zm} 为土壤下渗率呈指数衰减的速率参数(m);T_0 为假设流域为裸地时的饱和水力传导度(m^2/h);T_d 为重力排水的时间滞时参数;S_{rmax} 为田间持水量的通量(m);SR_0 为根带土壤饱和缺水量的初值(m),与 SR_{max} 成比例;R_v 为地表坡面汇流的有效速度(m/h);CHv 为主河道汇流的有效速度(m/h)。另外,汇流时还需要马斯京根参数 K、x 以及距离和面积参数,以及本书加入的植被指数及土壤指数。

众多参数中,最重要的参数为 S_{zm} 和 T_0。S_{zm} 的物理含义是指流域土壤剖面图中的有效深度。很难通过试验获得点的 T_0 值,通常都是通过模型率定其值。m 与 T_0 有相互作用关系。m 值大,则增加土壤剖面的活跃深度;m 值小,尤其是结合一个相对高的 T_0 时,有效土壤很浅,此时传导率有显著的延迟。后一种情况将造成在水文模拟中径流有相对较陡的退水曲线。

2.4　本章小结

本章详细地介绍了基于地表径流漫流模型的 DEM 预处理、流向确定、集水面积确定、水系生成,以及流域提取的处理过程及相关算法。提出了以河道节点汇入网格集流面积排序进行子流域划分的新的子流域划分方法,该方法步骤简单,易于编程实现。

根据研究区域不同林地面积的比例及相关类型林地冠层的最大降雨截留量研究成果,给出了研究区域林地最大冠层截留量估算公式及其他不同植被覆盖下最大冠层截留量。利用遥感影像资料获取植被的 *NDVI* 的空间分布的差异性,根据 *NDVI* 与叶面积指数(*LAI*)的统计关系模型来获取水文单元(网格)叶面积指数的空间分布,给出了利用叶面积指数来计算植被的冠层截留量模型,实现了植被冠层截留的分布式计算。

在半分布式水文模型 TOPMODEL 的基础上,对原模型基流出流计算公式进行了改进,且在原模型理论假设的基础上进行了公式推导,给出了新的基流出流的计算公式。通过植被因子及土壤因子的引入,使地形指数能够对下垫面植被覆盖变化做出响应。在此基础上,建立了网格化的分布式水文模型 GTOPMODEL,为水沙耦合模型的建立奠定了基础。

以杨树坪站以上流域 8 个水文站的实测降水数据为依据,采用交叉验证的方法对距离平方反比插值模型中的参数 b 进行了验证选择,结果显示当 $b=1$ 时该插值模型在研究区域的插值效果最好。

第 3 章　分布式产沙模拟模型

流域土壤侵蚀主要包括水力侵蚀、风力侵蚀、重力侵蚀、冻融侵蚀以及混合侵蚀 5 个类型。本书研究的对象主要是由于降雨径流引起的水力侵蚀,水力侵蚀(water erosion)是指在降雨雨滴击溅、地表径流冲刷及下渗水分的作用下,土壤、土壤母质及其他地面组成物质被破坏、剥蚀、搬运和沉积的全部过程,其中主要包括坡面土壤侵蚀及河道径流剥蚀两个部分。从流域发生水力侵蚀到泥沙输出流域出口整个过程主要包括坡面产沙过程、坡面汇沙过程、河道泥沙演进过程三个部分。

3.1　坡面产沙模型的建立

3.1.1　坡面产沙量计算模型

土壤侵蚀过程是地球表面的土壤及其母质在水力、风力、冻融、重力及人类不合理的生产活动等外部因素的作用下发生破坏、分离、搬运及沉积现象[114]。雨滴击溅和地表径流分离及冲刷土壤,使土壤的结构遭到破坏,与土体或母质分离,形成侵蚀产物,这个过程称为土壤侵蚀过程。当径流具有足够的搬运能力时,侵蚀产物继而被径流挟带离开原地,产生搬运。当径流流速、流量、径流深等水流因素发生变化时,其挟带泥沙的能力随之改变,若径流的搬运能力小于其本身挟带的泥沙量,就会发生沉积和泥沙堆积现象。雨滴击溅和径流冲刷等产生的侵蚀物质不可能一次全部被搬运离开原地,因此土壤侵蚀量不等于土壤流失量。土壤侵蚀过程中的侵蚀、搬运和土壤沉积是 3 个相互联系、相互制约的过程,侵蚀、搬运和沉积过程任一个环节的改变都将影响土壤流失量的变化。对于坡地系统,地形条件、植被类型及土壤结构、成分等空间变化的随机性及不同条件组合的随机性,决定了这一过程是一种典型的非线性分布参数系统。因此,选择适当的土壤侵蚀预报模型,是进行土壤流失模拟计算的核心。

土壤侵蚀模型是预报水土流失、指导水土保持措施配置、优化水土资源利用的有效工具,长期以来备受国内外学者的广泛关注。一个世纪以来,各国学者为土壤侵蚀模型的建立做了大量卓有成效的工作,尤其是近几十年来,随着计算机等相关学科的迅速发展和土壤侵蚀机理研究的不断积累,土壤侵蚀模型研究和模拟技术越来越受到人们的重视。众多的土壤侵蚀模型各具特色,但从总体上可以分为经验统计模型和理论模型两大类型。

在所有的模型中,Wischmeier 提出的通用土壤流失方程(USLE)是目前为止土壤侵蚀量估算中最为广泛应用的方法[62],该模型是建立在土壤侵蚀理论及大量实地观测数据统计分析基础上的。但是,USLE计算出的是土壤侵蚀量,要计算流域出口的输沙量必须计算输移比,而修正土壤流失方程则将降水侵蚀力影响改为地表径流影响,避免了输移比计算,修正通用土壤流失方程公式为[63]

$$A = 11.8 (Q_{surf} \cdot q_{peak} \cdot area_{hru})^{0.56} \cdot K \cdot L \cdot S \cdot C \cdot P \cdot CFRG$$

$$(3-1)$$

式中:A 为土壤流失量,t;Q_{surf} 为地表径流量,mm;q_{peak} 为峰值流量,m^3/s;$area_{hru}$ 为水文单元的面积,hm^2;K 为土壤可蚀性因子;L 为坡长因子;S 为坡度因子;C 为植被覆盖因子;P 为水土保持措施因子;$CFRG$ 为糙度因子。

该方程为经验方程,形式简单,因子解释具有物理意义,即土壤侵蚀过程是由一系列因子量化和计算来描述的,在美国应用得相当成功。与理论模型不同,其各因子指标值的确定需要大量实测试验数据,对于广大地区,尤其是无实测数据资料地区实施该模型有一定的困难。所以,在使用该模型进行土壤侵蚀量计算时,应该对各个参数进行适当的修正,使其能够满足研究区域计算土壤侵蚀的要求。早期的土壤流失量计算是以试验小区为对象,因子获得大部分来自现场测量,近年来随着计算机技术的进步,遥感技术(Remote Sensing,简称 RS)开始在土壤侵蚀调查中得到广泛应用,土壤侵蚀模型与 RS 技术相结合已经广泛应用到流域水土流失监测评价和模拟计算当中。但是,仅仅凭遥感技术是难以确定通用土壤流失方程中各个因子指标值并估算土壤流失量的。目前,随着数字流域技术的发展,分布式流域水文模型与土壤侵蚀模型相结合,建立流域分布式产流产沙模型已经成为研究流域土壤侵蚀的发展趋势。

在第 2 章分布式水文模型的基础上,本章将修正通用土壤流失方程和分布式水文模型结合起来,建立分布式流域产沙模型,为进一步模拟流域水土保持措施的减水减沙效应提供手段和工具。

3.1.2 坡面产沙模拟模型流程图

坡面产沙模拟和坡面产流计算是密不可分的两个过程,因此在前述分布式水文模型建立的基础上,坡面产沙模拟流程主要包括以下几个部分:

(1)利用 DEM 资料构建流域河网及子流域分布图。

(2)利用 DEM 及卫星影像资料,通过 ARCGIS 及 RS 技术建立土壤侵蚀因子数据库,包括降雨侵蚀力因子计算;利用 ARCGIS 空间分析模块功能提取各栅格单元的坡长和坡度,计算坡度坡长因子;利用 TM 卫星影像资料及土地利用资料,建立植被覆盖因子与常规化差异植被指数(NDVI)之间的转换关系,通过 ERDAS 软件系统获取 NDVI 值,从而获得植被覆盖因子 C 的资料库。

(3)建立侵蚀泥沙随径流的汇沙模型。

(4)利用修正通用流失方程、汇沙模型以及分布式水文模型计算各个子流域出口处的径流量及泥沙量出流过程,进一步计算流域总出口处的径流及泥沙出流过程,模拟流程如图 3-1 所示。

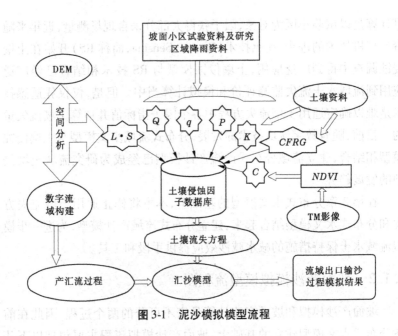

图 3-1 泥沙模拟模型流程

3.2 通用土壤流失方程中各因子的确定

3.2.1 径流因子的确定

径流因子包括 Q_{surf}、q_{peak}、$area_{hru}$ 三个变量,其中 Q_{surf}、$area_{hru}$ 可由分布式水文模型中的网格产流量和网格面积确定,这里主要介绍峰值流量 q_{peak} 的计算。

$$q_{peak} = \frac{\alpha_{tc} Q_{surf} area}{3.6 t_{conc}} \tag{3-2}$$

$$\alpha_{tc} = 1 - \exp[2 t_{conc} \ln(1 - \alpha_{0.5})] \tag{3-3}$$

$$\alpha_{0.5} = \alpha_{0.5L} + [rnd_1(\alpha_{0.5U} - \alpha_{0.5L})(\alpha_{0.5mon} - \alpha_{0.5L})]^{0.5}$$

$$rnd_1 \leqslant \left(\frac{\alpha_{0.5mon} - \alpha_{0.5L}}{\alpha_{0.5U} - \alpha_{0.5L}}\right) \tag{3-4}$$

$$\alpha_{0.5} = \alpha_{0.5U} - (\alpha_{0.5U} - \alpha_{0.5mon}) \left(\frac{(\alpha_{0.5U} - \alpha_{0.5L})(1 - rnd_1)}{\alpha_{0.5U} - \alpha_{0.5mon}} \right)^{0.5}$$

$$rnd_1 > \left(\frac{\alpha_{0.5mon} - \alpha_{0.5L}}{\alpha_{0.5U} - \alpha_{0.5L}} \right) \tag{3-5}$$

$$\alpha_{0.5U} = 1 - \exp\left(\frac{-125}{R_{day} + 5} \right) \tag{3-6}$$

$$\alpha_{0.5mon} = adj_{0.5\alpha} \left[1 - \exp\left(\frac{R_{0.5sm(k)}}{\mu_k \ln\left(\dfrac{0.5}{yrs \cdot days_{wet}} \right)} \right) \right] \tag{3-7}$$

$$R_{0.5sm(k)} = \frac{R_{0.5xm(k-1)} + R_{0.5xm(k)} + R_{0.5xm(k+1)}}{3} \tag{3-8}$$

式中:t_{conc}为从水文单元到子流域出口的汇流时间,h;$area$为子流域面积,km^2;$\alpha_{0.5L}$代表某天最小可能 30 min 降水量占全天降水量的百分比,可假设取为 0.020 83;$\alpha_{0.5U}$代表某天最大可能 30 min 降水量占全天降水量的百分比;rnd_1为一随机数,$rnd_1 \in (0,1)$;R_{day}为该日降水量,mm;$R_{0.5xm(k)}$代表第 k 月历史最大 30 min 降水量,mm;μ_k 为第 k 月日平均雨量,mm;yrs 为模拟的年数;$days_{wet}$ 为该月中降雨天数;$adj_{0.5\alpha}$ 为一调整系数。

关于每月最大可能 30 min 降水量,可以由历史日降雨资料用式(3-6)计算求出每月可能最大 30 min 降水量。

3.2.2 土壤可蚀性因子 K 的确定

1971 年,Wischmeier 等[115]根据实测的土壤可蚀性因子的 K 值与土壤性质的相关性,建立了通用计算土壤可蚀性因子的 K 值的通用方程,公式如下:

$$K = [0.000\ 21M^{1.41} \times (12 - OM) + 3.25 \times $$
$$(C_{soilstr} - 2) + 2.5 \times (C_{perm} - 3)]/100 \tag{3-9}$$

式中:M 为土壤颗粒尺寸参数;OM 为有机质的百分含量;$C_{soilstr}$ 为土壤结构分级;C_{perm} 为土壤剖面渗透级别。

土壤颗粒大小参数的计算公式如下:

$$M = (m_{\text{silt}} + m_{\text{vfs}}) \times (100 - m_c) \qquad (3\text{-}10)$$

式中：m_{silt} 为粉沙（粒径在 $0.002 \sim 0.05$ mm）的百分含量，m_{vfs} 为极细沙的百分含量（粒径在 $0.05 \sim 0.1$ mm）；m_c 为黏土的百分含量。

土壤中的有机质含量 OM 可用下式计算：

$$OM = 1.72 C_{\text{vrg}} \qquad (3\text{-}11)$$

式中：C_{vrg} 为有机碳的百分含量。

土壤结构是影响土壤入渗能力的重要因素。根据土壤结构体的大小，土壤可分为四个级别[116]：级别 1 为极细颗粒；级别 2 为细颗粒；级别 3 为中等颗粒或粗颗粒；级别 4 为块状颗粒或者称极粗颗粒。有关研究表明[117-118]，土壤结构与土壤有机质含量呈正相关，因此可以用土壤中有机质的百分含量来划分土壤结构等级，文献[119]用土壤有机质含量的级别划分代替土壤结构系数级别的划分。土壤剖面渗透分级是根据土壤剖面最小饱和水力传导度的大小来划分的，如表 3-1 所示。但是，不同土壤及同一种土壤不同植被覆盖下的土壤饱和水力传导度（mm/h）的测定是比较困难的。因此，可以按照土壤黏粒含量的级别来划分土壤剖面渗透级别[119]。

表 3-1　土壤渗透分级与最小饱和水力传导度关系

C_{perm}	1	2	3	4	5	6
饱和水力传导度(mm/h)	>150	50~150	15~50	5~15	1~5	<1

文献[120]将 Willian 等在 EPIC 模型中的土壤可蚀性因子的 K 值的计算公式发展为如下形式：

$$K = \left[0.2 + 0.3 e^{-0.025\,6\eta_{\text{san}}(1-\eta_{\text{sil}}/100)} \right] \times \left[\eta_{\text{cla}} / (\eta_{\text{cla}} + \eta_{\text{sil}}) \right]^{0.3} \times$$
$$\{ 1 - 0.25\eta_c / [\eta_c + e^{(3.72-2.95\eta_c)}] \} \times$$
$$\{ 1.0 - 0.7\alpha / [\alpha + e^{(229\alpha-5.51)}] \} \qquad (3\text{-}12)$$

式中：η_{san}、η_{sil}、η_{cla}、η_c 分别为砂粒、粉粒、黏粒及有机碳的含量百分比；α 计算公式如下：

$$\alpha = 1 - \eta_{\text{san}}/100 \qquad (3\text{-}13)$$

式(3-12)仅仅涉及土壤的砂粒、黏粒、粉粒及有机碳的含量百分比,而这些资料可以从我国第二次土壤普查的资料中获取,因此该公式更适合于我国目前计算土壤可蚀性的计算。

3.2.3 坡长因子 L 及坡度因子 S 的确定

地形因子包括坡长(L)与坡度(S)两个因子。在一定条件下,坡度越陡,其水力比降越大,产流速度也越快,汇流时间越短,对坡面的侵蚀力就越大,哈德逊、陈发扬、席有等的研究成果也都证实了这一点[121-125],因而坡度是影响坡面径流侵蚀能力的动力因子;坡长主要是通过径流量的积累,增加了径流的侵蚀能力和输移能力。在通用土壤流失方程中地形因子定义:在其他条件相同的情况下,特定坡面的土壤流失量和标准径流小区(坡长22.1 m,坡度9%)土壤流失量之比。本书采用的是 RUSLE 的改进坡长坡度计算公式。其中,坡长因子公式为

$$L = \left(\frac{\lambda}{22.13}\right)^{m} \tag{3-14}$$

$$m = \frac{\theta}{1 + \theta} \tag{3-15}$$

$$\theta = \left[\frac{\sin\beta/0.089\ 6}{3\ (\sin\beta)^{0.8} + 0.56}\right] \times r \tag{3-16}$$

$$S = \begin{cases} 10.8\sin\beta + 0.03 & \beta < 0.09 \\ 16.8\sin\beta - 0.5 & \beta \geq 0.09 \end{cases} \tag{3-17}$$

式中:L 为坡长因子;S 为坡度因子;λ 为水平坡长,m;m 为坡长指数;θ 为细沟与细沟间的比率;β 为坡度(%);r 为修正系数,当田间条件有利于细沟侵蚀时 $r = 2$(如顺坡耕作的田垄),当田间条件有利于片蚀时 $r = 0.5$(长期裸露田),处于两者之间的情况时 $r = 1$。

3.2.4 作物管理与植被因子 C 的确定

在通用流失方程中,作物管理与植被覆盖因子 C 被定义为"相同土壤、坡度、降水条件下,某种特定作物或自然植被条件下的土壤流失量与耕种后连续休闲土地的土壤流失量的比值"。C 因子的确定主要

取决于作物或自然植被在不同生长期的覆盖度以及这一时期降水量占全年降水量的百分比,其值都小于或等于1。大量的研究证明,在所有的土壤侵蚀因子中,地表覆盖状况对侵蚀量的影响最大,因为通过它可以减少土壤侵蚀量。土地耕种作物后,地面土壤受到保护,土壤流失因此而减少,但作物管理与植被因子对侵蚀的影响受到许多因素(如作物种类、作物生育期和前期留茬量等)的制约。美国已对各种作物和耕作措施进行了大量的组合,就年平均和各生育期的 C 因子制定了相应数值。但在国内仍然没有一种统一的 C 因子计算方法。

大量对比观测和试验发现,随着植被覆盖度的增加,植被对土壤侵蚀减少的能力越来越强。在其他条件一定时,侵蚀量与植被覆盖度成反比关系。由于植被类型不一样,这种关系也较为复杂。尽管它们之间的数学表达式不一致,但其曲线变化趋势是一致的。当覆盖度大于70%时,地表侵蚀量极其微弱,侵蚀量还不及裸地的1%。当植被覆盖度小于10%时,它的减蚀作用基本没有得到反映。植被覆盖度在10% ~ 70%时,植被与侵蚀的关系仍比较复杂。因此,尽管 C 因子小于或等于1,但由于变换范围较大,植被覆盖度的精确与否将直接影响土壤侵蚀预测的准确性。

早期的 C 因子是通过对不同的土地利用类型进行赋值来获得的。通用流失方程中发展了类似的表格供使用者根据不同情况查找 C 值。但由于各地的地理环境不同,各地 C 值也有较大的变化,通常要实地勘测才能得到。实地勘测虽然准确,但要花费大量的人力、财力,这在较大面积的研究区内是难以操作的。随着遥感技术的飞速发展,植被覆盖度可以通过遥感影像解译与野外样方调查相结合的方式来获得。目前大家普遍使用的方法主要有两种[126]:

(1)建立常规化植被指数与植被覆盖的经验关系。

(2)建立植被覆盖度与主成分变换的关系,统计分析 KT 变换结果的第二成分与植被覆盖度的一致性。

绿色植物有吸收蓝光、红光并强烈发射红外光的特征。在地表覆盖探测中,应用多光谱资讯,使用可见光和红外光的比值或差值来表示的方法称为植被指数(Vegetation Indices)。如果建立 C 值与植被指数

之间的关系,就能大大提高 C 值及土壤侵蚀推算的时效性。常见的植被指数有两种:

(1)简单的植被指数(Simple Vegetation Index, VI),计算公式为

$$VI = IR - R \tag{3-18}$$

式中符号意义同前。

(2)常规化差异植被指数, $NDVI$ 提取部分已在第 2 章中详细介绍。

在研究区内尚无现存的作物管理与植被覆盖因子 C 值的数据库资料以供查询,所以通过以上的分析看,利用现存的遥感影像获取 $NDVI$ 值,通过建立 C 值与 $NDVI$ 值之间的关系式来获取 C 值是最佳的方式。通过栅格图像计算,可直接获得 C 值分布图,并且提高了 C 因子的时效性。

一般 $NDVI$ 值越大,表示植被覆盖度越大,因此作物管理与植被覆盖因子 C 值越小。根据此关系文献[127]建立了 C 值与 $NDVI$ 值之间的关系式为

$$C = \left(\frac{1 - NDVI}{2}\right)^{\alpha} \tag{3-19}$$

式中: α 为系数,根据研究区域实际情况取值。

文献[128]令 α 为 $NDVI$ 的函数,如式(3-20)所示,可以看出为了使 $C \in (0,1)$,指数 α 应大于 0,因为 $NDVI$ 是介于($-1,1$)的实数。

$$C = \left(\frac{1 - NDVI}{2}\right)^{\alpha(1 + NDVI)} \tag{3-20}$$

本书分别采用式(3-19)及式(3-20)进行植被管理因子 C 值的计算,对比两个公式的模拟效果, α 的确定在模型参数率定时进行,具体率定计算过程在第 4 章中叙述。

3.2.5　水土保持因子 P 的确定

水土保持因子在 RUSLE 中主要指梯田、等高耕作等措施,由于所用的植被覆盖资料中没有这方面的详细资料,所以原下垫面下所有水文单元水土保持因子都取为 1,采取水土保持措施后的 P 因子的确定

由试验小区的试验资料计算得出。

3.2.6　糙度因子 *CFRG* 的确定

$$CFRG = \exp(-0.053 \cdot rock) \tag{3-21}$$

式中: *rock* 为表层土壤中粒径大于 2 mm 的颗粒含量百分比。

3.3　坡面汇沙及河道泥沙演进模型

3.3.1　坡面汇沙模型

坡面汇沙是指网格产沙随径流汇流到子流域出口的过程。该部分随坡面径流一起汇集到子流域出口,其过程与坡面流汇流过程是同一个过程,已在径流汇流部分阐述。

3.3.2　河道泥沙演进模型

3.3.2.1　AVSWAT 2000 中河道泥沙演进模型

泥沙在河网中的传输包括两个过程,泥沙沉淀和剥蚀,河道中泥沙的剥蚀与沉淀是利用径流的能量来计算的(Arnold 等,1995)。Williams(1980)利用 Bagnokd's(1977)定义的流动体能量给出了一个计算河道剥蚀的公式,该公式中河道剥蚀量是河道坡度和径流速度的函数。河道的最大挟沙能力是径流最大流速的函数,径流最大流速的计算公式为

$$v_{ch,pk} = \frac{q_{ch,pk}}{A_{ch}} \tag{3-22}$$

式中: $q_{ch,pk}$ 为峰值流量,m³/s; A_{ch} 为径流的横断面面积。

其中的峰值流量定义如下:

$$q_{ch,pk} = prf \cdot q_{ch} \tag{3-23}$$

式中: *prf* 为峰值流量调整系数; q_{ch} 为平均流量,m³/s。

河流的最大挟沙能力(可以输送到河段出口处的泥沙)计算公式为

$$conc_{\text{sed,ch,mx}} = c_{\text{sp}} \cdot v_{\text{ch,pk}}^{spexp} = c_{\text{sp}} \left(prf \cdot q_{\text{ch}} / A_{\text{ch}} \right)^{spexp} \quad (3\text{-}24)$$

式中：c_{sp} 为一待定系数；$spexp$ 为待定指数，可根据实际情况率定，一般来说 $spexp \in [1,2]$，默认值取 1.5。

$conc_{\text{sed,ch,}i}$ 为计算时段河道中的实际泥沙含量，将最大输沙能力和计算时段初河道中的实际含沙量比较，若 $conc_{\text{sed,ch,}i} > conc_{\text{sed,ch,mx}}$，则在输移过程中沉淀占主导地位，河道中泥沙沉淀量计算公式如下：

$$sed_{\text{dep}} = \left(conc_{\text{sed,ch,}i} - conc_{\text{sed,ch,mx}} \right) \cdot V_{\text{ch}} \quad (3\text{-}25)$$

式中：sed_{dep} 为河段中沉淀的泥沙量，t；$conc_{\text{sed,ch,}i}$、$conc_{\text{sed,ch,mx}}$ 分别为计算时段初河段中泥沙含量及最大输沙能力，m^3；V_{ch} 为河段中的水量，m^3。

若 $conc_{\text{sed,ch,}i} < conc_{\text{sed,ch,mx}}$，则在输移过程中剥蚀占主导地位，河道中泥沙剥蚀量计算公式如下：

$$sed_{\text{deg}} = \left(conc_{\text{sed,ch,mx}} - conc_{\text{sed,ch,}i} \right) \cdot V_{\text{ch}} \cdot K_{\text{ch}} \cdot C_{\text{ch}} \quad (3\text{-}26)$$

式中：sed_{deg} 为河段中的泥沙剥蚀量，t；K_{ch} 为河段的侵蚀因子；C_{ch} 为河道覆盖因子。

则最终河道泥沙量的计算式为

$$sed_{\text{ch}} = sed_{\text{ch,}i} - sed_{\text{dep}} + sed_{\text{deg}} \quad (3\text{-}27)$$

式中：sed_{ch} 为计算时段末河道中悬移质含量，t；$sed_{\text{ch,}i}$ 为计算时段初河段中的悬移质含量，t；sed_{dep}、sed_{deg} 分别为河段中泥沙沉淀和剥蚀量，t。

在 SWAT 模型中，计算河段输出的泥沙量计算公式为

$$sed_{\text{out}} = sed_{\text{ch}} \cdot \frac{V_{\text{out}}}{V_{\text{ch}}} \quad (3\text{-}28)$$

式中：sed_{out} 为河段泥沙输出量，t；V_{out} 为河段中径流输出量，m^3；V_{ch} 为河段中的水量，m^3。

河道侵蚀因子 K_{ch} 可以由试验得出，也可以进行率定，一般来说，河道侵蚀因子要比土壤侵蚀因子小得多。

由以上公式可以看出，要计算河道中泥沙的输移最主要就是要计算出河道中的水力要素。假设计算时段初河道中水深为 dep_0，则根据河道断面可以计算出过水断面面积，由河段长度 L_{ch} 可以计算出该段河道中的水量 V_{ch}，由马斯京根演算可以计算出河道起始端的入流量和出流量，则可以计算河道中每天的水量为

$$V_{ch,i} = V_{ch,i-1} + (I_{ch,i-1} - O_{ch,i-1}) \times 24 \times 3\ 600 \qquad (3-29)$$

式中：$I_{ch,i-1}$、$O_{ch,i-1}$分别为河段起始端第 $i-1$ 天的入流量和出流量，m^3/s；$V_{ch,i}$、$V_{ch,i-1}$分别为河道中第 i、$i-1$ 天的水量，m^3。

3.3.2.2 改进的河道泥沙演进模型

但是，利用式(3-28)进行河道泥沙演进计算时会出现泥沙出流过程比实际出流量少。假设 Q_i 为第 i 天进入河道中的径流量，ρ_i 为第 i 天泥沙含量，如果 $q_i < Q_i$，$q_{i+1} < Q_{i+1}$ 且 $\rho_i > \rho_{i+1} > \rho_{i+2}$，则第 i 天进入河道中的径流量没有在第 i 天全部流出计算河段，则泥沙也没有全部流出该计算河段，在利用式(3-28)计算泥沙出流过程时，将第 i 天进入计算河段的泥沙在第 i 天未流出计算河段部分平均计算在第 $i+1$ 天进入计算河段的径流中，第 $i+1$ 天未流出计算河段部分平均计算在第 $i+2$ 天进入计算河段的径流中，而实际出流过程是第 $i+1$ 天已经将第 i 天的泥沙量全部流出流域出口，第 $i+1$ 天相同的出流量计算泥沙出流量少于实际出流量，所减少的泥沙出流量推迟到以后的径流过程中计算，因此造成了泥沙出流过程的滞后现象。导致相同的坡面产沙过程所对应的流域出口出沙洪峰比较小，与实际过程差异较大。

针对该缺陷，本书对泥沙出流方程式(3-28)进行了改进，有效地避免了河道泥沙演进过程中的缺陷，假设每天计算河段径流和泥沙输入量分别为 $q(i)$、$SEDI(i)$，计算河段每天径流输出量为 $Q(i)$，任一天输入到计算河段的流量和泥沙量全部流出计算河段最长需要 m 天，第 $k(i-m \le k < i)$ 天输入到计算河段的流量和泥沙量在第 i 天输出计算河段的量分别为 $V_{out}(k,i)$、$sed_{out}(k,i)$，$sed_{ch}(k,i)$ 代表第 k 天进入河段中的泥沙在第 i 天的剩余量，$V_{ch}(k,i)$ 代表河段中的第 k 天进入河段中的径流量在第 i 天的剩余量。

若 $sed_{ch}(k,i)/V_{ch}(k,i)$ 大于 $conc_{sed,ch,mx}$，则第 k 天进入河段中的泥沙在第 i 天的剩余部分发生沉淀，否则发生河道剥蚀。泥沙沉淀量计算公式为

$$sed_{dep}(k,i) = \left[sed(k,i)/V_{ch}(k,i) - conc_{sed,ch,mx} \right] \cdot V_{ch}(k,i)$$

$$(3-30)$$

河道泥沙剥蚀公式为

$$sed_{deg}(k,i) = \left[conc_{sed,ch,mx} - sed_{ch}(k,i)/V_{ch}(k,i) \right] \cdot V_{ch}(k,i) \cdot K_{ch} \cdot C_{ch}$$
$$(3\text{-}31)$$

最终计算河段泥沙量为

$$sed_{ch}(k,i) = sed_{ch,i}(k,i) - sed_{dep}(k,i) + sed_{deg}(k,i) \quad (3\text{-}32)$$

式中:$sed_{ch}(k,i)$为计算时段末河道中第 k 天进入河段中的泥沙在第 i 天的剩余悬移质含量,t;$sed_{ch,i}(k,i)$ 为计算时段初河段中第 k 天进入河段中的泥沙在第 i 天剩余的悬移质含量,t;$sed_{dep}(k,i)$、$sed_{deg}(k,i)$ 分别为河段中第 k 天进入河段中的泥沙在第 i 天的剩余泥沙沉淀和径流剥蚀量,t。

由计算河段径流演进 $Q(i)$ 已知、$q(k)$ 已知,假设进入计算河段的径流最长需要 l_{max} 天全部流出计算河段,则第 $k((i-l_{max}+1)\leqslant k<i)$ 天进入河道的径流在第 i 天最大可能输出量 $Q_{max}(k,i)$ 为

$$Q_{max}(k,i) = Q(i) - \sum_{x=i-l_{max}}^{k-1} V_{out}(x,i) \quad (3\text{-}33)$$

则第 $k((i-l_{max}+1)\leqslant k<i)$ 天进入河道的径流在第 i 天剩余量及最大可能输出量 $V_{out}(k,i)$ 可表示为

$$V_{ch}(k,i) = q(k) - \sum_{x=k}^{i-1} V_{out}(k,x) \quad (3\text{-}34)$$

$$V_{out}(k,i) = \begin{cases} Q_{max}(k,i), & V_{ch}(k,i) \geqslant Q_{max}(k,i) \\ V_{ch}(k,i), & V_{ch}(k,i) < Q_{max}(k,i) \end{cases} \quad (3\text{-}35)$$

改进后的模型中,第 k 天进入河段中的泥沙在第 i 天输出河段的泥沙量计算公式为

$$sed_{out}(k,i) = sed_{ch}(k,i) \cdot \frac{V_{out}(k,i)}{V_{ch}(k,i)} \quad (3\text{-}36)$$

式中:$sed_{out}(k,i)$为河段第 k 天进入河段中的泥沙在第 i 天的剩余泥沙输出量,t;$V_{out}(k,i)$为河段中第 k 天进入河段中的径流在第 i 天的剩余径流输出量,m^3;$V_{ch}(k,i)$为河段中第 k 天进入河段中的径流在第 i 天的剩余的水量,m^3。

则计算河段第 i 天泥沙输出总量 $sed1_{out}(i)$ 为

$$sed1_{out}(i) = \sum_{x=i-l_{max}}^{i} sed_{out}(x,i) \qquad (3-37)$$

计算模型流程图如图 3-2 所示。

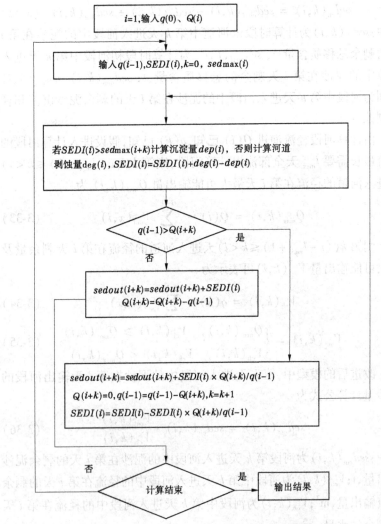

图 3-2 改进的河道泥沙演进计算模型流程示意图

假设河道断面为梯形,两岸坡度为 z_{ch} ,河底宽度为 W_{btm} ,水深为 $depth$,则过水断面面积计算公式为

$$A_{\text{ch},i} = (W_{\text{btm}} + z_{\text{ch}} \cdot depth) \cdot depth \qquad (3\text{-}38)$$

式中: $A_{\text{ch},i}$ 为第 i 天过水断面面积,m^2 ;其他符号含义同前。

河道断面水深计算根据 1992 年杨树坪站全年各日断面水深、流量的观测资料进行统计分析,得到杨树坪水文站断面水深、流量之间的统计模型,而后由日流量得到河道断面水深。统计分析结果如图 3-3 所示,由图 3-3 可以看出,相关系数达到了 0.990 3,因此结果是可信的。

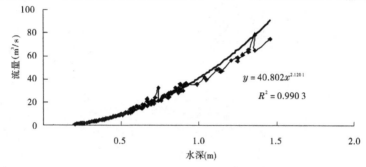

图 3-3　杨树坪站断面水深及流量关系统计结果

模型主要参数有 α、c_{sp}、prf、$spexp \in [1 , 2]$、K_{ch}、C_{ch} 及河道两岸坡度、河底宽度等断面参数。

3.4　本章小结

详细介绍了修正通用土壤流失方程各因子的计算方法,通过作物管理及植被因子 C 值与归一化植被指数($NDVI$)之间的关系模型,实现了修正通用土壤流失方程各因子的分布式计算。以 GTOPMODEL 产流结果作为修正通用土壤流失方程中径流因子值,从而实现了两个模型的有机耦合,构建了分布式水沙耦合模型。

利用杨树坪站 1992 年的流量与河道断面水深观测资料,通过回归分析得到了该站断面流量 y 与河道断面水深 x 的回归分析方程 $y = 40.802x^{2.120\,1}$,相关系数达到了 0.990 3,说明该回归方程是可信的。

在 AVSWAT 2000 河道泥沙演进模型的基础上,将河道中的泥沙输出与径流输出同比例的假定进行了改进,根据泥沙进入河道的先后顺序依次输出最后通过叠加得到河道断面日泥沙输出量,给出了改进后的河道断面日泥沙输出量计算公式。

图 5.1 ...

第4章　水沙耦合模型参数率定

目前,最简单、最直接的参数率定方法就是人工试错法,即根据模型使用者的经验,人为确定初始参数,然后根据模拟结果的好坏尝试改变参数,直到得到满意的结果。其基本原则是设定一组参数,在计算机上运算,比较模拟值与实测值,分析对比或计算其目标函数,再循环调整参数,重复计算,直至达到最优,参数即为所求。从生产应用角度上看,该方法对人员素质要求高,需具备模型参数率定的一定技术水平。人工试错法最大的优点就是简单、直接,但是很难得到最优值,而且还受制于模型使用者的经验。为了克服人工试错法的缺点,需要用到模型参数自动优化算法。模型参数自动优化的方法,就是根据数学优化法则,通过自动寻优计算,确定参数的最优值。这一类方法只要事先给出优化准则和参数初始值,整个寻优过程自动完成,因此具有寻优速度快、寻优结果客观等优点。由于水文模型大多数是非线性的,模型的响应面是多峰的,也就是说在参数空间里有若干个局部极低点,因此局部寻优法对参数初值的要求较高,给定不同的参数初值,往往会得到不同的优选结果,因此采用局部寻优法很难确定优选结果是否为全局最优。全局最优法能有效地对参数空间内的多个极值点进行综合考虑,从整个参数空间中寻求全局最优解,全局最优法分为确定优选、随机优选及二者综合的方法,由于非线性水文模型的目标函数值的连续性不明确,因此参数优选中最常用的是随机优选法与综合优选法。如遗传算法是一种基于自然基因和自然选择机制的寻优方法。该法按照“择优汰劣”的法则,将适者生存与自然界基因变异、繁衍等相结合,从各参数的若干可能取值中,逐步求得最优值[129-130]。然而,基本的遗传算法存在局部收敛速度慢的缺陷,鉴于此本书根据相关研究成果将动态种群不对称交叉的加速遗传算法应用到耦合模型的参数率定中。

4.1 算法简介

4.1.1 遗传算法基本情况

遗传算法最早由美国密执安大学的 Holland 教授提出,起源于20世纪60年代对自然和人工自适应系统的研究。70年代 De Jong 基于遗传算法的思想在计算机上进行了大量的纯数值函数优化计算试验。在一系列研究工作的基础上,80年代由 Goldberg 进行归纳总结,形成了遗传算法的基本框架,最近20年,遗传算法得到了迅速的发展,在很多领域得到了应用。

遗传算法是一种概率迭代全局优化算法,提供了一种求解复杂系统优化问题的通用框架,隐含并行性和全局搜索特性是它的两大显著特征,而且这是一个以适应度函数为依据,通过对种群个体施加遗传操作实现种群内个体结构重组的迭代处理过程。在这一过程中,种群个体(问题的一个解)得以优化并逐次逼近最优解。遗传算法求解的步骤包括模型参数编码、产生群体、计算个体的适应度、父代个体选择、杂交、交叉、解码。

4.1.2 动态种群不对称交叉加速遗传算法

遗传算法有多种编码形式,最基本的是二进制编码。而编码形式对遗传算法并没有本质影响。例如二进制编码使交叉和变异操作形象直观,但交叉和变异的实质均是对选中位串作简单的加或减运算,这种运算又完全可以对应到对参量真实值的加或减运算。因此,从这一角度讲,使用实数编码是遗传算法的必然趋势。尤其对于高维、连续、大范围搜索空间问题,实数编码更是最合适的编码方法。

4.1.2.1 常规实数编码交叉算子分析

实数编码遗传算法的交叉操作普遍使用算术交叉,即对于第 k 代种群中随机选取出的一对个体 $X_i^k = (x_{i1}^k, x_{i2}^k, \cdots, x_{in}^k)$,$X_j^k = (x_{j1}^k, x_{j2}^k, \cdots, x_{jn}^k)$,通过式(4-1)交叉得到两个新个体 $X_i^{k+1} = (x_{i1}^{k+1}, x_{i2}^{k+1}, \cdots, x_{in}^{k+1})$,$X_j^{k+1} =$

$(x_{j1}^{k+1}, x_{j2}^{k+1}, \cdots, x_{jn}^{k+1})$：

$$\begin{cases} x_{im}^{k+1} = \alpha x_{im}^{k} + (1-\alpha)x_{jm}^{k} \\ x_{jm}^{k+1} = \alpha x_{jm}^{k} + (1-\alpha)x_{im}^{k} \end{cases} \quad (m = 1,2,\cdots,n) \qquad (4\text{-}1)$$

容易看出利用式(4-1)进行交叉计算后 X_i^k、X_j^k 与 X_i^{k+1}、X_j^{k+1} 存在如下关系：

$$X_i^k + X_j^k = X_i^{k+1} + X_j^{k+1} \qquad (4\text{-}2)$$

上式说明新个体与两父辈个体间存在一种平衡关系,两新个体的值相互制约,可以称这种交叉为对称交叉。对于其他的交叉方法,如线性交叉、混合交叉等,均存在类似的问题,均希望模拟自然界的物种繁殖现象,约定新个体与两父辈个体间存在某些联系,并且新个体能按照某种规律、沿着期望的寻优方向进行变化。在遗传算法中,交叉的目的是产生新个体,对于最优解未知、可能存在多个局部最优的问题,无法依据适配值的大小来确定寻优方向,新个体只要能够增强种群中的物种多样性即可,至于新个体之间和新个体与父辈个体间是否存在某种关系则是次要的。

4.1.2.2　常规实数编码变异算子分析

实数编码遗传算法的变异操作有多种方法,如随机变异、非一致变异、多项式变异、边界变异等,而无论哪种变异方法,其实质是一样的,即在第 k 代种群中随机选取出一个体 X_i^k,在 X_i^k 中再随机选取出若干个变量 x_{im}^k,通过式(4-3)变异得到 $x_{im}^{k'}$：

$$x_{im}^{k'} = x_{im}^k + \delta \qquad (4\text{-}3)$$

式中:δ 为一具体数值,不同的变异方法有不同的确定 δ 的方法。

由式(4-3)可见,变异操作与交叉操作存在相似性。而之所以要进行变异,主要原因是交叉操作对新位串的生成施加了过多的限制,使得新位串可能永远无法落入某些参数空间,从而影响了算法的性能。如果从生物繁殖的角度看,交叉和变异是同时进行的,因此完全可以通过对交叉操作的调整来实现交叉和变异的同步,也即免除了独立的变异操作。

4.1.2.3　动态不对称交叉算子的提出

张金萍、刘杰等[131]设计了一种动态不对称交叉算子。新型算子以实数编码为编码方式,以提高交叉操作的随机性并使新位串的可能生成空间为整个参数空间为目的。考虑到在实际的生物繁衍过程中,各代的种群规模并不是固定不变的,由于各物种间的竞争,每一物种的种群规模均有一平衡状态,因此完全可将遗传算法的各代种群的规模置为一围绕均值 m_0 随机波动的变量 $m(k)$,其中 k 为种群的代数。

设待优化函数 $f(X)$ 的参数为 $X = (x_1, x_2, \cdots, x_n)$,其中 $x_i, i \in [1, n]$ 的取值范围为 $[t_{1i}, t_{2i}]$, t_{1i} 、 t_{2i} 为常数。第 k 代任意两个体 $X_i^k = (x_{i1}^k, x_{i2}^k, \cdots, x_{in}^k)$, $X_j^k = (x_{j1}^k, x_{j2}^k, \cdots, x_{jn}^k)$,设定最大繁殖次数 B ,每次实际繁殖的次数 b 可由式(4-4)确定:

$$b = \begin{cases} \text{int}(B \cdot rnd) & B \cdot rnd - \text{int}(B \cdot rnd) < 0.5 \\ 1 + \text{int}(B \cdot rnd) & B \cdot rnd - \text{int}(B \cdot rnd) \geqslant 0.5 \end{cases} \quad (4-4)$$

式中: $rnd \in [0, 1]$ 为一随机数; $\text{int}(\ )$ 为取整函数。

得到实际繁殖次数 b 后就可以对个体 X_i^k 、 X_j^k 进行 b 次相互独立的交叉操作,每次交叉操作得到 4 个新个体,则第 m 次交叉得到的新个体为

$$\begin{cases} 1x_{ig}^{km} = x_{ig}^k + \text{sgn}(\lambda)\gamma_1^m(t_{1i} - x_{ig}^k)rnd_1 \\ 1x_{jg}^{km} = x_{jg}^k - \text{sgn}(\lambda)\gamma_2^m(x_{jg}^k - t_{1j})rnd_2 \\ 2x_{ig}^{km} = x_{ig}^k - \text{sgn}(\lambda)\gamma_3^m\sigma_g rnd_3 \\ 2x_{jg}^{km} = x_{jg}^k + \text{sgn}(\lambda)\gamma_4^m\sigma_g rnd_4 \end{cases} \quad g \in [1, n] \quad (4-5)$$

式中: λ 为 $[-1, 1]$ 区间内符合均匀分布的随机数,每交叉一次生成一次; $\text{sgn}(\lambda)$ 为符号函数。

控制因子 $\gamma_e^m, e \in [1, 4]$ 为区间 $[0, 1]$ 内的随机数,它起到控制新个体与父辈个体之间的距离的作用,一般情况下取 $\gamma_{1,2}^m \geqslant \gamma_{3,4}^m \circ rnd_e$, $e \in [1, 4]$ 为按均匀分布生成的区间 $[0, 1]$ 内的随机数。 σ_g 取值如下式所示:

$$\sigma_g = \min(x_{ig}^k - t_{2g}, x_{jg}^k - t_{2g}, t_{1g} - x_{ig}^k, t_{1g} - x_{jg}^k, |x_{ig}^k - x_{jg}^k|) \quad g \in [1, n]$$

$$(4-6)$$

由式(4-6)可见,由于控制因子和 $rnd_e, e \in [1, 4]$ 的存在,交叉操作已经蕴含了变异操作,两父辈个体的所得与所失相等的可能性已很

小,交叉是不对称的,父辈个体与新生个体之间不再有前述交叉算子的那种平衡关系。而且由于各随机数皆为均匀分布,新个体的生成空间为整个参数空间。另外,由于种群规模是动态的,每两个父辈个体要经过多次交叉,相当于进行多次繁殖,提高了父辈个体的利用度。因此,种群动态化和交叉不对称化可以扩大新个体的生成空间,理论上讲生成空间是整个参数空间,这有助于尽快向最优解靠拢,提高搜索效率。

4.1.2.4 利用选择算子进行种群规模调整

当第 k 代种群进行完交叉之后,种群规模为 $m(k)$,为了将种群规模限定在 m_0,则从 $m(k)$ 个个体中选择 m_0 个个体组成新一代种群,选择方法的步骤如下:

(1)计算各个体的适配值,按适配值大小进行排序。

(2)将整个序列按大中小划分为三部分,每部分有大约 $m(k)$ 个个体,为说明问题方便,称每个部分为一个包。

(3)计算每部分的适配值总和占整个种群适配值总和的百分比,进而利用赌轮法对包进行随机选择。

(4)选取包之后,在选中包内再用赌轮法选择一次,从而确定一个复制到下一代的个体。

(5)上述步骤重复 $m_0 - 3$ 次。

(6)直接保留最优个体。

(7)从第二、三个包中分别随机选取一个个体,使得新种群个体数为 m_0 个。

其中,第(7)步是为了防止搜索陷入局部极值。

4.1.2.5 动态种群不对称加速遗传算法具体步骤

不失一般性,设无约束极小优化问题可描述为

$$\min f(x_1, x_2, \cdots, x_p) \tag{4-7}$$
$$\text{st.} \quad x_j \in [a_j, b_j], j \in [1, p]$$

改进后的遗传算法的具体操作步骤如下:

(1)编码,给定最大交叉繁殖次数 B、种群规模 n_0、交叉概率 p_c。采用实数编码,即将变量进行如下变换:

$$x_j = a_j + y_j(b_j - a_j) \quad j \in [1, p] \tag{4-8}$$

式中: $y_j \in [0,1]$ 为一随机变量。

(2)生成初始群体,并保证群体在参数空间中符合均匀分布;随机生成 n_0 组 p 个 $[0,1]$ 之间的均匀随机数,作为 n_0 个初始父代群体 $y(j,i), i \in [1, n_0], j \in [1, p]$。

(3)计算父代个体适配值,极小问题适应度函数可设为 $F(i) = 1/(\mid f(i) \mid + 1)$。

(4)进行选择和复制,文献[132]证明,不进行最优个体保存的基本遗传算法不是全局收敛的,因此本书把最优秀的 5 个个体直接加入到下一代群体中去,运用轮盘赌方法进行个体选择和复制。

(5)父代个体杂交。对群体中的每个染色体产生一个 $[0,1]$ 之间的随机数 r,如果 $r < p_c$,选择给定的染色体进行杂交。从被选择用来交叉的个体中,随机选择两个个体利用动态种群不对称交叉算子进行不放回交叉计算,交叉后的种群中个体规模为 $n(k)$。

(6)利用选择算子将群体规模缩减到均值 n_0,生成新种群,按适应值从大到小的顺序进行排序。

(7)加速循环。用上述步骤第 1 次和第 2 次演化迭代所产生的 2 组前 20 个优秀个体,这一子群体所对应的变量变化区间,作为变量新的初始变化区间[133],算法转入步骤(3)。如此加速循环,优秀个体的变化区间将逐步调整和收缩,与最优点的距离将越来越近,直到最优个体的目标函数值小于某一设定值或算法运行达到预定加速次数,结束算法运行。

4.1.3 算法数值试验

为检验上述混合遗传算法的有效性,本书采用了以下两个测试函数的极小化问题来进行实例计算。这两个函数的表达式分别为:

函数 1: $f(x,y) = x^2 + y^2; x \in (-10, 10), y \in (-10, 10)$; 函数 2: $f(x,y) = x^2 + 2y^2 - 4x - 2xy; x \in (-10, 10), y \in (-10, 10)$, 该函数最优解为 $x = 4, y = 2$。设定最大进化代数为 30, 最大繁殖次数为 3, 交叉概率为 0.7, 变异概率为 0.2, 种群规模取 50。

利用本书所给的改进遗传算法,对这两个测试函数分别进行了 20 次寻优试验。有关参数设置及计算结果见表 4-1。

表 4-1　数值试验有关参数设置及计算结果

项目	函数 1				函数 2			
	改进算法		RAGA		改进算法		RAGA	
收敛精度	10^{-30}	10^{-15}	10^{-30}	10^{-15}	10^{-7}	10^{-4}	10^{-7}	10^{-4}
进化代数	100	100	100	100	100	100	100	100
试验次数	20	20	20	20	20	20	20	20
找到最优次数	18	20	0	3	15	20	6	9
找到最优概率(%)	90	100	0	6.60	75.50	100	33.30	45
精度最高的解	0		3.43×10^{-16}		-8		$-7.999\ 999\ 998$	

由表 4-1 可以看出,改进算法较 RAGA 算法从计算精度和寻优效率上都有了一定的提高,显示了算法的良好性能,因此本书将其运用到水沙耦合模型的参数优化中去。

4.2　耦合模型参数率定研究

4.2.1　模型参数优化目标函数设计

要进行模型参数优化,首先要对模型的有效性进行检验判断,评价模型应用好坏对于模型能否应用于实际预报是非常重要的。由于在水文实际应用中,模型应用好坏常常是通过 4 个准则进行评判,即洪峰流量相对误差 RQ、径流深相对误差 RR、峰现时差 ΔT 以及 Nash 和 Sutcliffe(1970)[134] 提出的 Nash 效率系数(确定性系数)R^2,计算表达式如下:

$$RQ = \frac{Q_{cmax} - Q_{omax}}{Q_{omax}} \times 100\% \tag{4-9}$$

式中:Q_{cmax} 为模拟流量最大值;Q_{omax} 为实测流量最大值。

$$RR = \frac{R_{\text{cal}} - R_{\text{obs}}}{R_{\text{obs}}} \times 100\% \tag{4-10}$$

式中:R_{cal}为模拟径流深;R_{obs}为实测径流深。

$$\Delta T = Tq_{\text{cmax}} - Tq_{\text{omax}} \tag{4-11}$$

式中:Tq_{cmax}为模拟峰现时间;Tq_{omax}为实测峰现时间。

$$R^2 = 1 - \frac{\sum_{i=1}^{n} \left[Q_{\text{cal}}(i) - Q_{\text{obs}}(i) \right]^2}{\sum_{i=1}^{n} \left[Q_{\text{obs}}(i) - \overline{Q}_{\text{obs}} \right]^2} \tag{4-12}$$

式中:$Q_{\text{cal}}(i)$为第i个模拟流量;$Q_{\text{obs}}(i)$为第i个实测流量;$\overline{Q}_{\text{obs}}$为实测流量平均值。

上述几个评价指标不是相互独立的,其中确定性系数是最常用的用来进行模型参数率定的目标函数。

根据不同需要可以选取不同的目标函数。常用的目标函数有:反映模拟流量过程与实测流量过程水量误差的目标函数;反映流量过程线拟合程度的目标函数;反映洪峰过程模拟好坏程度的目标函数以及反映低水过程模拟好坏程度的目标函数。本书设定的优化目标函数如式(4-13)所示。

$$\max f(x_1, x_2, \cdots, x_p) = \max \frac{1}{|1 - R^2|} \tag{4-13}$$

4.2.2 耦合模型参数率定

4.2.2.1 水文参数率定

1. 参数率定

利用 1993～1994 年杨树坪站的观测资料进行参数率定。在进行模型参数率定时首先进行水文参数的率定,设定最大进化代数为 30,最大繁殖次数为 3,交叉概率为 0.7,种群规模取 50,则水文参数优化结果如图 4-1 所示,模型参数率定最优结果如表 4-2 所示,最优值对应的径流模拟的确定性系数为 0.94,1993～1994 年径流模拟结果如图 4-2所示。

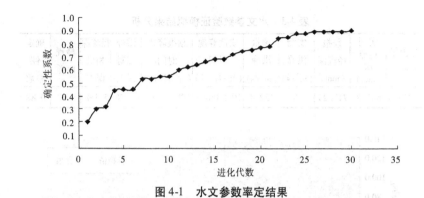

图 4-1　水文参数率定结果

表 4-2　水文模型参数率定结果

SZM	T_0	TD	SR_{MAX}	栅格汇流参数 a	栅格汇流参数 b
0. 099 530 91	7. 243 419	0. 085 409 1	1. 269 032	48	1

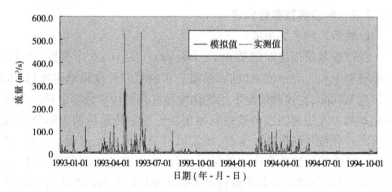

图 4-2　径流模拟结果

2. 模型验证

利用水文参数优化结果对 1995 年的径流进行预报,预报结果表如表 4-3 及图 4-3 所示。由表 4-3 看出预报效果较好,确定性系数达到了 0.88,因此本书所提出的参数率定优化方法是切实可用的。

表 4-3   水文参数验证模拟结果分析

总雨量 （mm）	实测 径流 深 （mm）	预报 径流深 （mm）	实测 洪峰 （m³/s）	预报 洪峰 （m³/s）	实测峰现 时间 (年-月-日)	预报峰现 时间 (年-月-日)	洪峰 相对 误差	径流深 相对 误差	峰现 时差	确定 性 系数
1 313.5	683.8	717.29	124	132.4	1995-06-05	1995-06-05	6.5%	5.1%	0	0.88

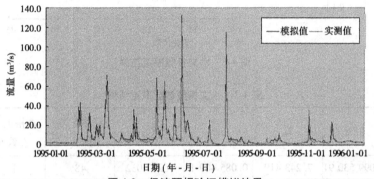

图 4-3   径流预报验证模拟结果

4.2.2.2   产沙模型参数率定

1.坡面产沙参数率定

泥沙参数模拟主要包括 α、c_{sp}、prf、$spexp$、K_{ch}、C_{ch} 6 个参数，由于在径流模型中加入泥沙模型以后，模拟一年的时间长度模型每次运行时将超过 10 min，在这种情况下用优化模型进行泥沙参数率定耗时太长，因此本书中人工对泥沙参数进行率定。泥沙参数包括两个部分，包括坡面产沙参数及河道输沙参数，而流域出口泥沙出流过程是受坡面参数和河道输沙参数综合作用的结果，因此为了避免坡面参数和河道输沙参数的相互影响，本书在进行泥沙参数率定时分为两步进行，第一步是进行坡面产沙参数的率定，第二步是进行河道输沙参数的率定。

坡面参数主要指计算作物管理与植被因子 C 的参数 α，该参数的率定以实际的流域土壤流失分布图为率定标准，使模拟出的各种侵蚀级别的土地面积和实际土地面积接近。如果有长系列的观测资料，则可以设率定目标函数为：模拟出的各种侵蚀级别的土地面积比例与实际的比例相对误差绝对值之和最小，即

$$minf = \min \sum_{i=1}^{n} |(Ro_i - Ro_{si})/Ro_i| \qquad (4\text{-}14)$$

式中：Ro_i、Ro_{si} 分别为第 i 种土壤侵蚀类型实际所占比例与模拟出的多面平均值。

根据 2007 年水利部颁布的《土壤侵蚀分类分级标准》(SL 190—2007)，研究区域土壤侵蚀分为 6 个级别，如表 4-4 所示。

表 4-4 土壤侵蚀级别划分标准

(单位：$t/(km^2 \cdot 年)$)

代码	11	12	13	14	15	16
名称	微度	轻度	中度	强度	极强度	剧烈
标准	<500	500~2 500	2 500~5 000	5 000~8 000	8 000~15 000	>15 000

研究区域土壤侵蚀分布如图 4-4 所示，各种侵蚀级别的土地所占比例如表 4-5 所示。

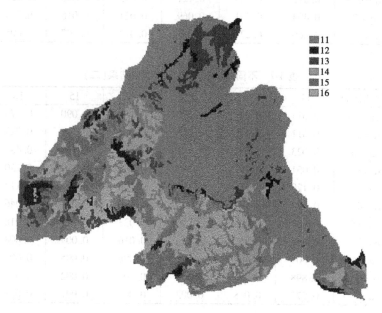

图 4-4 研究区域土壤侵蚀分布图

表 4-5　研究区域各种侵蚀级别的土地面积比

侵蚀级别代码	11	12	13	14	15	16
所占面积比例	0.614	0.044	0.079	0.100	0.090	0.073

本次研究由于没有长系列的泥沙观测资料,因此用1993年的实测资料进行率定,根据模拟结果对坡面土壤侵蚀参数 α 进行分析确定。应用式(3-19)、式(3-20)不同 α 取值所对应的不同侵蚀级别土地面积比例模拟结果分别如表4-6及表4-7所示。

表 4-6　不同 α 取值所对应的模拟结果(一)

侵蚀代码	11	12	13	14	15	16
实际比例	0.614	0.044	0.079	0.100	0.090	0.073
$\alpha = 5$	0.053	0.214	0.203	0.155	0.177	0.198
$\alpha = 5.5$	0.095	0.344	0.224	0.126	0.115	0.096
$\alpha = 6$	0.175	0.454	0.182	0.082	0.065	0.042
$\alpha = 6.5$	0.315	0.469	0.121	0.045	0.030	0.020
$\alpha = 7$	0.494	0.391	0.069	0.021	0.016	0.009
$\alpha = 7.5$	0.666	0.277	0.033	0.012	0.007	0.005

表 4-7　不同 α 取值所对应的模拟结果(二)

侵蚀代码	11	12	13	14	15	16
实际比例	0.614	0.044	0.079	0.100	0.090	0.073
$\alpha = 2.5$	0.011	0.040	0.043	0.054	0.125	0.727
$\alpha = 3$	0.023	0.082	0.107	0.117	0.190	0.481
$\alpha = 3.5$	0.051	0.197	0.189	0.141	0.172	0.250
$\alpha = 4$	0.120	0.355	0.192	0.113	0.108	0.112
$\alpha = 4.5$	0.274	0.411	0.144	0.070	0.055	0.046
$\alpha = 5$	0.480	0.355	0.090	0.033	0.024	0.018
$\alpha = 5.5$	0.665	0.259	0.043	0.016	0.009	0.008
$\alpha = 6$	0.805	0.162	0.018	0.006	0.005	0.004
$\alpha = 6.5$	0.898	0.086	0.007	0.003	0.002	0.004
$\alpha = 7$	0.977	0.018	0.002	0.001	0.001	0.001

1993年的杨树坪站的输沙量为 1 320 $t/(km^2 \cdot$ 年),而根据杨树

坪多年观测资料,多年平均输沙量为 614.5 t/(km² · 年),因此用 1993 年的降雨资料进行参数率定时坡面土壤侵蚀级别为 11 的土地面积应该比多年平均情况有所减少。由表 4-6 可以看出,采用式(3-19)进行作物管理及植被因子计算时,当参数 α = 7 时模拟结果比较合理。而利用式(3-20)进行泥沙模拟时,当参数 α = 5 时模拟结果比较合理。式(3-20)相对于式(3-19)充分利用了 NDVI 值对作物管理及植被因子计算结果的影响,因此本书采用了式(3-20)进行坡面产沙计算。计算出来的作物管理及植被因子在研究区域内的分布如图 4-5 所示。由图 4-4 及图 4-5 对比可以看出,水土流失严重的地方作物管理及植被因子值比较大,因此计算结果是可用的。

图 4-5　作物管理及植被因子分布

2. 河道泥沙演进模型参数率定

在坡面参数确定后,利用 1993 ~ 1994 年资料进行河道泥沙演进参数的率定,主要包括 c_{sp}、prf、$spexp$、K_{ch}、C_{ch} 6 个参数,率定时目标为采用式(4-12)计算出来的确定性系数(将公式中的径流观测值与模拟值改为泥沙观测值与模拟值即可)最大,结果如表 4-8 所示,泥沙过程模拟结果如图 4-6 所示,泥沙过程模拟确定性系数达到了 0.89,表明本书所提出的河道泥沙演进模型是切实可行的,本书利用 SWAT 2000 中所采用的泥沙演进模型进行了泥沙模拟,结果如图 4-7 所示,明显可以看出,本书所采用的模型有效地避免了泥沙出流过程峰值偏小的现象,相同的坡面产沙量,改进模型的确定性系数为 0.89,而用 SWAT 2000 中的泥沙演进模型确定性系数为 0.83,表明改进模型模拟精度提高。

表 4-8　泥沙参数率定结果

参数	C_{sp}	prf	$spexp$	K_{ch}	C_{ch}
率定值	0.05	1.1	1.2	0.001	0.001

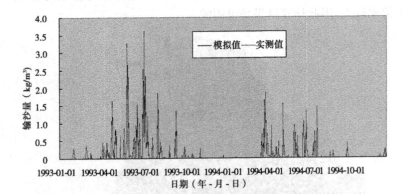

图 4-6　改进泥沙演进模型参数校正模拟结果

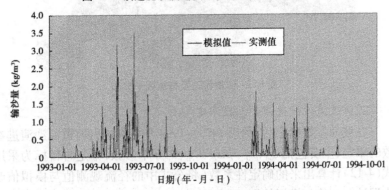

图 4-7　SWAT 2000 泥沙演进模型参数校正模拟结果

3. 模型验证

利用以上参数率定结果,对 1995 年的泥沙过程进行预测,泥沙预测结果如图 4-8 所示,结果分析如表 4-9 所示。结果表明,1995 年泥沙过程模拟效果较好,预报时确定性系数达到了 0.84,对于泥沙模拟预报,精度达到 0.7 以上都是可以接受的,但效果不如径流模拟效果好。

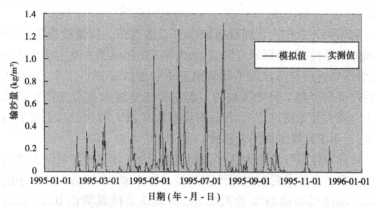

图 4-8　改进泥沙演进模型预报模拟结果

表 4-9　泥沙预报验证模拟结果分析

实测产沙	预报产沙	实测峰值	预报峰值	实测峰现时间(年-月-日)	预报峰现时间(年-月-日)	洪峰相对误差	单位面积产沙相对误差	峰现时差	确定性系数
168	193.77	1.317	1.259	1995-07-26	1995-07-26	−4.4%	15.34%	0	0.84

注:实测产沙及预报产沙的单位为 $t/(km^2 \cdot 年)$;峰值单位为 kg/m^3。

4.3　本章小结

将动态种群不对称交叉遗传算法和实数编码加速遗传算法结合起来提出了动态种群不对称交叉加速遗传算法,数值试验显示从最优解的精度及寻找到最优解的概率两个方面改进后的遗传算法都优于原来的实数编码加速遗传算法,显示了算法良好的性能。

利用改进后的遗传算法以确定性系数最大为目标,采用 1993 ~ 1994 年杨树坪站的径流观测资料对本书构建的分布式水文模型参数进行了率定,率定时确定性系数达到了 0.94。利用 1995 年的降雨径流观测资料进行了预报验证,预报时确定性系数达到 0.88,预报精度较好,充分说明了该算法应用到分布式水沙耦合模型参数率定是适用的。

利用第 3 章作物管理及植被因子 C 值与归一化植被指数(NDVI)之间的关系模型,根据研究区域 1995 年 TM 遥感图片及土壤流失分布图,对作物管理及植被因子计算模型中的参数 α 进行了率定,利用率定后的模型得到了研究区域的 C 值分布图。将 C 值分布图与研究区域土壤流失分布图进行了对比,对比发现 C 值大的地方水土流失较为严重,证明了计算结果的合理性。

以确定性系数最大为目标,用 1993 ~ 1994 年杨树坪站的泥沙观测资料对第 3 章改进后河道泥沙演进模型与原来 AVSWAT 2000 中的河道泥沙演进模型进行了参数率定,结果确定性系数由 0.83 提高到 0.89,模型计算精度得到提高。利用率定后的模型对 1995 年杨树坪站的泥沙过程进行了预报,结果显示确定性系数达到了 0.84,预报效果较好。

第5章 流域水土保持措施水沙效应模拟

第2章和第3章建立水沙耦合模型的目的是在南方红壤水土流失区对水土保持措施的水沙效应进行模拟。为了验证模型的实用性,本书选择了江西省修河流域上游水土流失最为严重的杨树坪站以上部分为研究区域,对5种具体的水土保持措施的水沙效应进行了模拟。它们分别为:措施①:前埂后沟,梯壁植百喜草,梯面种柑橘+百喜草,植被覆盖度100%;措施②:柑橘净根区,植被覆盖度20%;措施③:7年树龄马尾松林地株距1.5 m、行距1.5 m,林下有良好的草被覆盖,植被覆盖度70%;措施④:横坡间种,常年有柑橘,每年4月12日至8月10日种黄豆,8月12日至次年3月12日种萝卜,植被覆盖度60%;措施⑤:百喜草全园覆盖,覆盖度100%。

5.1 水土保持主要措施对水文水资源过程影响的定性分析

人类社会很早时期就认识到水土流失的危害,据历史记载:我国早在西周时期就有平整土地、保护山林措施的记载,如《诗经》中"原隰既平,泉流既消"的诗句,就是当年整治水土的反映,《左传》《佚周书》《孟子》《荀子》《周礼》等古迹都记载保护山林的官禁。随着时间的推移,人口的增加、战争的爆发、环境的变迁、生活方式的改变,全球水土流失有进一步加剧的趋势。在我国特别是从20世纪50年代以来,人口急剧增多,对资源的需求越来越多,环境压力越来越大,毁林开垦、过度放牧已是司空见惯,水土流失越来越重,水土流失的治理显得越来越重要。目前,在我国南方红壤区采取的水土保持措施可分为农艺耕作措施、工程措施、生物措施。根据治理的对象不同还可以分为坡面治理措施和沟道治理措施。

水土保持重要的手段就是通过人工措施改善地面植被覆盖情况及微地形状况,所有这些措施必然会改变降雨所产生的土壤入渗及径流过程,植被覆盖状况的改变又会带来土壤水分蒸腾蒸发过程的变化,因此水土保持措施的实施必然会对水文水资源过程产生影响。

5.1.1 农艺耕作措施对水文水资源过程的影响

如前所述,水土保持的耕作措施主要有两类:一类是以改变地面微地形、增加地面粗糙度为主的耕作措施,如等高种植、水平沟种植、沟垄种植、横坡种植;另一类是以增加地面覆盖和改良土壤为主的耕作措施,如秸秆还田、少耕免耕、间混套复种和草田轮作等。第一类措施对土壤降雨的影响,实质上是改变了坡地的微地形,增加了地表的粗糙程度,从而引起径流产生时间、径流量、径流能量的变化,进而导致侵蚀的变化。对于同样的降雨来说,该类措施会减少径流,增加入渗。第二类措施主要是通过改变地表的覆盖状况或者提高土壤的抗侵蚀能力起到水土保持的效果。与传统的耕作措施相比较,增加地表覆盖能够减少地表径流,而少耕免耕措施增加了地表径流量。

5.1.2 生物措施对水文水资源过程的影响

水土保持的生物措施,主要是指造林、种草措施。造林、种草对流域水文水资源过程的影响主要包括:①植被冠层对降雨的截留作用;②植被枯落物层对降雨的蓄滞能力及对径流速度阻滞作用;③枯枝落叶分解后增加了土壤的有机质成分,改良了土壤结构,土壤空隙度增加,从而增强了土壤的渗水性,有助于土壤保蓄水分;④植被根系对土壤结构的改良(穿插切割、细根死亡、根系分泌物)等,使表层土壤和深层土壤的孔隙度特别是非毛管孔隙度增加,从而增加土壤的入渗能力。

5.1.3 工程措施对水资源配置的影响

水土保持工程措施又包括坡面工程措施和沟道工程措施。坡面工程措施有修筑梯田,开挖丰产沟、鱼鳞坑,修集雨水窖、蓄水涝池、截水沟等。沟道工程措施有治沟骨干坝、淤地坝(拦沙坝)、小水库、谷坊工程等。工程措施是通过改变微地貌、修建水工建筑物等来拦泥蓄水,使降雨产生的径流、泥沙被就地拦蓄,减少暴雨对耕地土壤表面的冲刷,减少河流泥沙对河道及坝库等水利工程的淤塞,从而保护土壤及其养分免遭冲刷、水分免遭流失,同时减轻洪水危害,提高水利工程的利用效率。修筑水平梯田、淤地坝等能改善农业生产基础条件,提高土地生产力。

本次研究仅仅考虑生物措施及修造梯田等坡面工程措施对流域水资源的影响,沟道治理及小型水利工程措施不考虑。

5.2 研究区域概况

5.2.1 自然地理概况

修河位于江西省西北部,是鄱阳湖水系五大河流之一,地跨 E113°55′~E116°、N28°40′~N29°30′。主河源出于湘赣边境大伪山北麓铜鼓县的竹山下,自南向北流经港口、程坊、东津,下行至周家、马坳间与渣津水汇合后,自西向东流经修水、清江、武宁、柘林、虬津,于永修县城附近与潦河汇合。

修河干流过永修县城后,流向东北,过溻湖、大湖池至吴城,会赣江主支入鄱阳湖。修河流域面积 14 493 km²(其中清江水文站以上流域面积 6 358 km²),相应河长 386 km。流域三面高山环绕,北缘幕阜山,中部九岭山,山脉均为东北—西南走向,流域呈东西长、南北狭的不规则长方形,地形为西北高东南低,背山向湖的箕形斜面。东西平均长 176 km,南北平均宽 84 km。流域形状系数为 0.116。地势海拔在 10 ~ 1 200 m。流域内山地面积占 46.5%,丘陵面积占 36.7%,平原及湖泊面积占 16.8%。流域分属九江市的修水、武宁、永修三县及瑞昌县部分,宜春地区的奉新、靖安、铜陵三县及高安县部分,南昌市的安义县及新建县、湾里区的部分。

修河从河源至抱子石为上游河段,河长 182.8 km,河道平均坡降 1.36‰,上游多为高山峻岭,山岳中零星分布着山间盘地。抱子石至柘林为中游,长 156.2 km,河道平均坡降 0.32‰,两岸为近代冲蚀成的低山丘陵。柘林以下为下游,柘林至永修河段长 47.2 km,河道平均坡降为 0.16‰,两岸逐渐开阔,地势平坦,自艾城以下进入滨湖平原地区,圩堤纵横,河道交错。河源至永修河道平均坡降 0.51‰。修河流域支流众多,均为南、北向汇入干流,流域面积在 200 km² 以上的支流共有 11 条,渣津水、溪口水、上杭水、船滩水、里溪河、大桥水等 6 条支流均由北岸汇入,由南岸汇入的有山口水、黄沙水、洋湖水、罗溪水及潦河等 5 条支流。

在上游区域中,东津水流域和山口水流域土壤侵蚀相对不是很严重,因此本次研究选择水土流失最严重的噪口水为研究区域,噪口水支流位于修河最上游修水县境内,集流面积 342 km²,流域内有半坑、焦洞、白沙岭、杨坊、全丰、半丰、画坪、杨树坪 8 个水文站,其中杨树坪水文站有泥沙、径流以及降雨多年观测资料,噪口水在修河流域中的位置如图 5-1 中带有子流域编号的区域所示。

5.2.2 水土流失概况

修河流域尤其是中上游地区是江西省水土流失严重的地区之一,特别是修水、武宁两县,其水土流失面积位居江西省各县市之首。修河流域上游地区被侵蚀的泥沙除部分输入鄱阳湖外,其余便在河道和柘林水库内淤积,从而减少了河槽的槽蓄能力,加大了水库的淤积及洪水损失,缩短了水库的寿命。修水、武宁两县现有的水土流失面积达 24.77万 hm²,占其土地面积的 30.9%,占修河流域水土流失面积的 72.0%,其中噪口水流域内土壤流失面积占其流域总面积的 39.0%,多年平均输沙量为 776.7 t/(km²·年)。本次研究所选取的噪口水水系土壤流失分布状况如图 5-2 所示,图中所示的土壤侵蚀代码含义及不同流失程度土地面积占总面积的比例如表 5-1 所示。

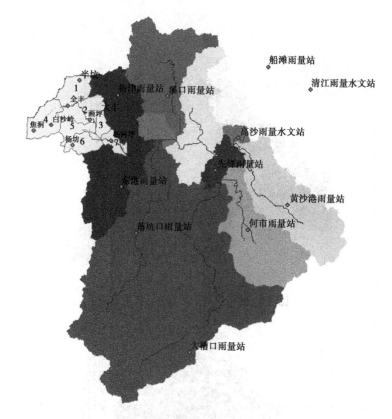

图 5-1 研究区域地理位置示意图

表 5-1 土壤水力侵蚀代码

代码	11	12	13	14	15	16
侵蚀程度	微度	轻度	中度	强度	极强度	剧烈
占总面积比例	61%	4%	8%	10%	9%	8%

　　根据江西省 1995 年遥感图片,用 Arcgis 9.0 提取流域植被覆盖数据,如图 5-3 所示,图中代码所代表的意义及各种植被覆盖类型所占的比例如表 5-2 所示。

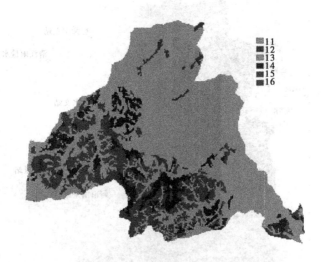

图 5-2　研究区域水土流失分布示意图

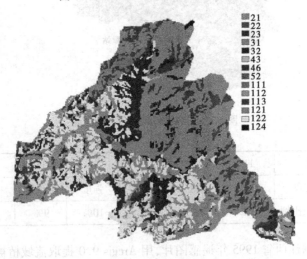

图 5-3　研究区域植被覆盖分布示意图

表 5-2　植被覆盖代码及面积百分比

代码	含义（面积百分比）	代码	含义（面积百分比）	代码	含义（面积百分比）
1	耕地（40.29%）	11	水田（18.16%）	111	山区水田（0.27%）
				112	丘陵水田（13.7%）
				113	平原水田（4.19%）
		12	旱地（22.13%）	121	山区旱地（1.93%）
				122	丘陵旱地（20.16%）
				124	大于25°坡地旱地（0.03%）
2	林地（57.28%）	21	郁闭度大于30%的人工林和天然林（35.66%）		
		22	灌木林,郁闭度大于40%高度2 m以下的矮林地及灌丛林地（9.36%）		
		23	疏林地,即郁闭度在10%~30%的稀疏林地（12.26%）		
3	草地（1.01%）	31	高度覆盖草地,即盖度大于50%的草地（0.7%）		
		32	中度覆盖草地,即盖度为20%~50%的草地（0.31%）		
4	水域（0.25%）	43	人工修建的水库、坑塘（0.19%）		
		46	滩地（0.06%）		
5	居民用地	52	农村居民用地（1.18%）		

利用美国国家图像测绘局(NIMA)免费提供的 SRTM(Shuttle Radar Topography Mission)分辨率为 90 m 的 DEM 数据进行研究区域的坡度分析,分析得出坡度大于 25°的面积占整个流域面积的 50.4%,研究区域内的坡度分布如图 5-4 所示。

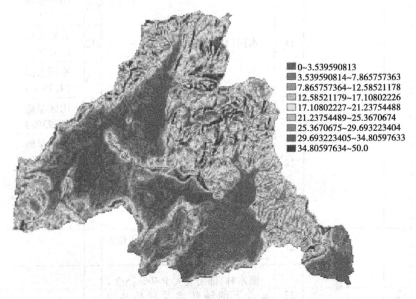

图 5-4　研究区坡度分布示意图

5.2.3　水文气象概况

本流域位于亚热带季风气候区,气候温湿,四季分明。春、夏季,每逢冷暖气流交绥于境内,常阴雨连绵;夏、秋之交,每当副热带高压控制,往往晴热少雨。流域内多年平均降水量一般在 1 400 ~ 2 000 mm,局部略小于 1 400 mm 或大于 2 000 mm。最大年降水量 2 813.5 mm(晋坪站,1975 年),最小年降水量 744.0 mm(吴城站,1962 年)。流域内铜陵以东、靖安以西的九岭山南麓一带,为全省四大多雨区之一,中心年雨量在 2 000 mm 以上,武宁、永修一带为少雨区,多年平均雨量小于 1 500 mm。

本流域多年平均气温为 13 ~ 17 ℃。极端最高气温达 44.9 ℃(修水站,1953 年 8 月 15 日),极端最低气温 – 15.2 ℃(安义站,1972 年 1 月 9 日),多年平均最高气温大于或等于 35 ℃共计有 19 ~ 37 d,多年平均最低气温小于或等于 0 ℃共计有 27 ~ 38 d。流域内多年平均绝对湿度 16.5 ~ 17.6 mb。最大绝对湿度 40.9 mb(永修站,1969 年 7 月 22 日),最小绝对湿度 0.7 mb(修水站,1967 年 1 月 16 日),多年平均相对湿度为 79% ~ 83.2%,最小相对湿度 3%。本流域多年平均蒸发量为 1 160 ~ 1 666 mm,最大月蒸发量 347.7 mm(奉新站,1971 年 7 月),最小月蒸发量 19.3 mm(铜陵站,1977 年 1 月)。流域多年平均风速为 1.06 ~ 3.01 m/s,实测最大风速为 22.0 m/s,相应风向为 NNW(永修站,1979 年 4 月 12 日)。

流域内水文测站基本上为新中国成立后设立的。新中国成立前仅在干流上设有永修及修水两站,断续测有水位或流量资料,且精度不高。新中国成立后在干、支流上先后设立了一批水文站。本次水文分析计算采用的是杨树坪水文站的水文、泥沙数据,该站位于修河中游修水县莲花村境内,地理坐标为 E114°12′,N29°03′,控制流域面积 342 km² 。1978 年起观测水位、流量等项至今。观验河段顺直段约 300 m,两岸高山,无漫滩现象,测流段附近有岩石突出,造成中、低水位时主槽向右岸摆动。测站上游 500 m 处有急弯,下游 250 m 处有急滩,河床由细沙组成,易冲淤,历年水位流量关系稳定单一。噪口水系内,杨树坪、杨坊、画坪、大丰、全丰、半坑、白沙岭、焦洞 8 个水文站点分布情况如图 5-5 所示。

5.2.3.1　降雨变化特性分析

修河流域杨树坪站年际降水实测记录如图 5-6 所示。由图 5-6 可以看出,1958 ~ 2002 年 45 年内,修河流域的降水总体上趋于平衡,但年际间变化较大,最大年降水量为最小年降水量的 2 ~ 3 倍,降水变差系数 C_v 为 0.18。

利用杨树坪水文站 1957 ~ 2002 年的降水实测资料,对修河流域年内各月多年平均降水量变化情况进行分析,如图 5-7 所示。由图中可以看出,汛期(5 ~ 7 月)降水量占全年降水量的 55%,降水年内分配严重不均。

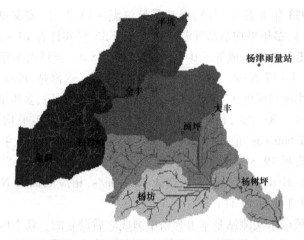

图 5-5　研究区域水文站网分布示意图

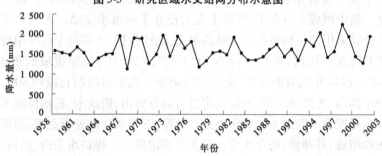

图 5-6　研究区域年际降水量实测值

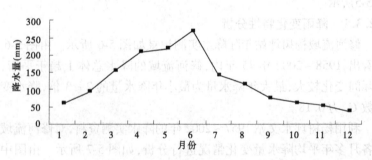

图 5-7　研究区域年内各月多年平均降水量

5.2.3.2 径流变化特性分析

利用清江站 1951 ~ 2002 年的径流实测资料,分析年际间径流量变化,如图 5-8 所示。径流变差系数 C_v 为 0.35,大约是降水变差系数的 2 倍。总体上径流变化趋势不大,没有减少或者增加的变化趋势。

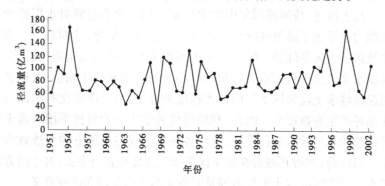

图 5-8 研究区域年际径流变化分析

利用各月份多年平均来水过程,对修河流域径流年内变化进行分析,年内各月平均来水过程如图 5-9 所示。由降水及径流的年际、年内变化分析图可以看出,不但年际间降水、径流变化很大而且年内各月份间变化也很大,8 月以后降水量和径流量明显减少,而此时段正是该地区晚稻重要的生育阶段,因此在该地区形成了伏秋旱的现象。

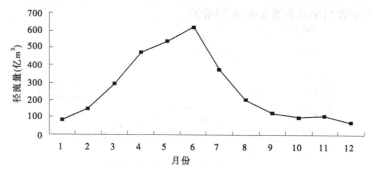

图 5-9 研究区域径流年内分配分析

修河流域降水、径流的上述特点导致了该地区的水资源开发利用的以下几个特点：总量上比较丰富；由于水资源时空分布不均以及水利设施对水资源的调控能力较差，该地区水资源开发利用程度较低；部分地区水利工程供水能力不足，农业、工业生产用水得不到保证，工程型缺水较为严重。

综上所述，修河流域年内降水分配不均及水利基础对水资源的调控能力差导致了该地区既面临严重的水土流失情况，又面临季节性缺水及洪涝灾害等问题。随着国家中西部大开发的战略实施，我国南方红壤水土流失区将面临大面积的以小流域为单元的生态治理，这必将引起红壤水土流失区下垫面较大幅度的改变，而这些变化将对流域水文循环产生直接影响。因此，利用现代数学工具和科技手段对水土保持措施的水沙效应进行模拟，求出各种水土保持措施下的水沙效应的定量指标值，并将其融合在水土保持措施优化配置当中去，对于南方红壤水土流失区的水土流失治理具有重要的实用价值和研究意义。

5.2.3.3　研究区域蒸散发特征分析

根据修水杨树坪气象站的观测数据，修水流域各月多年平均蒸发量如图 5-10 所示。由图 5-10 可以看出，7 月蒸发能力达到最大，12 月蒸发能力降到最小。由于 7、8 月的蒸发能力较强，而同时段的多年平均降水量却迅速减少，尤其是 8 月降雨较 6 月明显减少，因此进行水土保持措施对流域径流的调节能力研究，并将其融入到水土保持措施的优化配置当中具有重要的实用价值。

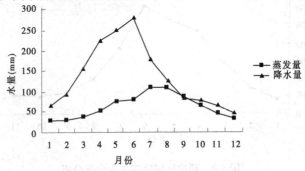

图 5-10　研究区域蒸发量、降水量年内分配分析

5.2.4　研究区域土壤分布及其物理性质

　　杨树坪水文站以上部分的土壤分布采用第二次全国土壤普查资料,由江西土壤志的土壤分布图进行扫描矢量化后得到,如图5-11所示,相应的土壤属性数据由土壤志中查到。图中各土壤代码所代表的土壤类型如表5-3所示。

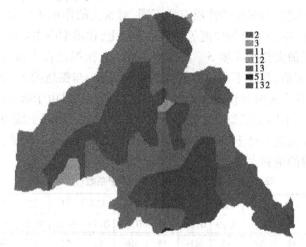

图5-11　杨树坪站以上土壤分布示意图

表5-3　研究区域土壤类型及其物理性质

代码	名称	黏粒	粉粒	砂粒	石砾	有机碳	孔隙率 (%)
2	黄壤	24.3	60.4	14.1	1.2	0.32	8
3	黄棕壤	10.98	15.41	50.4	23.2	0.34	7.5
11	红壤	23.03	2.76	46.41	27.8	0.37	7
12	棕红攘	16.97	12.43	49.9	20.7	0.38	7.5
13	黄红壤	19.61	26.05	39.54	14.8	0.38	7
51	酸性紫色土	20.77	39.22	29.04	10.97	0.49	6.9
132	潴育型水稻土	21.51	30.43	41.95	6.1	0.59	7.6

注:黏粒指粒径为0~0.002 mm的颗粒;粉粒指粒径为0.002~0.05 mm的颗粒;砂粒指粒径为0.05~2 mm的颗粒;石砾指粒径大于2 mm以上的颗粒;表中各粒径土粒及有机碳数据为百分比含量。

由于饱和导水率是一个很难确定的参数,且没有试验数据可供参考,因此在本书中作为一个待率定的参数在计算中进行率定。

不同坡面的植被覆盖对水流的阻力不同,这种差异主要通过曼宁系数来表现。由于缺乏实际的试验数据,本次研究不同下垫面所采用的曼宁系数参考 SWAT 2000 操作手册[135]进行取值,不同下垫面所对应的曼宁系数(n)取值如表 5-4 所示。相同的土壤类型条件下,不同植被覆盖土壤的物理化学性质有所不同,对水文的作用主要表现在对土壤孔隙率、饱和水力传导度等参数的影响上,在模型中主要体现在参数非饱和层最大蓄水深度 S_{zm} 及植被系数上。模拟过程中,假设裸地的 S_{zm} 是一定值,其他不同植被覆盖类型下的 S_{zm} 与裸地的 S_{zm} 比值为定值,在参数率定时仅仅对裸地的 S_{zm} 进行率定,同时由于研究区域面积不大,忽略不同土壤类型之间裸地的 S_{zm} 的差异。相同土壤类型下,不同植被覆盖类型对土壤孔隙率的影响如表 5-5 所示,不同植被类型覆盖下土壤的饱和水力传导率如表 5-6 所示。

表 5-4　不同下垫面所对应的曼宁系数(n)取值表

代码	111	112	113	121	122	123	124	21	22	23	24
n	0.19	0.19	0.19	0.19	0.19	0.19	0.19	0.6	0.6	0.5	0.5
代码	31	32	33	41	43	46	51	52	53	66	
n	0.4	0.4	0.4	0.3	0.3	0.3	0.15	0.15	0.15	0.1	

表 5-5　不同土地利用类型的孔隙率

土地利用类型	孔隙率	土地利用类型	孔隙率
裸地	θ	林地	1.2θ
旱地	1.04θ	稀疏林地	1.14θ
措施①	1.35θ	农村居民用地	θ
水田	0.95θ	措施③	1.21θ
措施②	1.04θ	灌木林地	1.15θ
措施④	1.15θ	高盖度草地	1.14θ
中盖度草地	1.1θ	措施⑤	1.14θ
低盖度草地	1.07θ		

表 5-6　不同土地利用类型的饱和水力传导度

土地利用类型	饱和水力传导度	土地利用类型	饱和水力传导度
裸地	T_0	低盖度草地	$1.1T_0$
旱地	$1.5T_0$	林地	$4.5T_0$
措施①	$3T_0$	稀疏林地	$1.4T_0$
水田	$0.8T_0$	措施③	$5.21T_0$
措施②	$1.14T_0$	农村居民用地	T_0
措施④	$2.2T_0$	灌木林地	$4T_0$
高盖度草地	$2T_0$	措施⑤	$2.4T_0$
中盖度草地	$1.3T_0$		

5.3　河网及子流域生成

本次研究采用的 DEM 数据来自于美国国家图像测绘局（NIMA）免费提供的 SRTM（Shuttle Radar Topography Mission），分辨率为 90 m 的 DEM 数据。根据修河杨树坪站以上流域所处的地理位置，截取出研究流域的 90 m×90 m DEM 数据，并对初始的数据进行预处理，然后按照上述方法提取该流域的相关信息，计算出相关矩阵值，最后将其可视化。本研究流域信息的可视化采用的是美国环境系统研究所 ESRI 开发的 Arcview、Arc/Info 软件。

利用第 2 章水文模型中数字流域生成方法，生成研究区域的数字河网，主要过程包括 DEM 预处理、流向矩阵，河网、节点编码，子流域生成等。在生成河网时集水面积大于 2 000 个网格的视为河流网格，子流域最小集流面积阈值为 3 500 个网格。由于没有杨树坪站以上流域的实际河网分布图，本书采用清江站以上的实际河网与生成的数字河网进行验证比较，如图 5-12 所示，由图 5-12 可以看出，生成的数字河网和实际河网比较吻合。因此，本书采用的河网生成技术是可靠的，生成的杨树坪站以上河网和子流域如图 5-13 所示。

为了模拟各项水土保持措施的水沙效应，需要根据地形、植被、土壤流失情况对各项水土保持措施分别进行规划，根据水利部颁布的

图 5-12　清江站以上实际河网与生成河网示意图

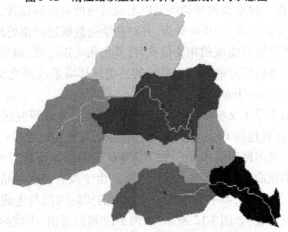

图 5-13　杨树坪站以上河网及子流域示意图

《土壤侵蚀分类分级标准》(SL 190—2007),在南方红壤区,凡是水土流失程度大于 500 t/(km² · 年)的都视为水土流失区,因此在研究区域内凡是土壤侵蚀程度大于微度的区域都视为发生了水土流失。

不同下垫面情况下水土流失区所适宜采取的水土保持措施如表5-7所示。

表5-7 不同侵蚀区所适宜采取的水土保持措施

植被类型	地面坡度	侵蚀区适宜采取的水土保持措施
自然草地	25°以上	措施③;措施⑤
	25°以下	措施①;措施③;措施⑤
自然林地		措施③
旱地	25°以上	措施①;措施③;措施④;措施⑤
	25°以下	措施①;措施②;措施③;措施④;措施⑤
水田	25°以上	措施①;措施③;措施④;措施⑤
	25°以下	措施①;措施②;措施③;措施④;措施⑤
农村居民地		措施②;措施③;措施⑤
裸地	25°以上	措施①;措施③;措施④;措施⑤
	25°以下	措施①;措施②;措施③;措施④;措施⑤

按照表5-7所示的水土保持措施实施原则,研究区域原状植被覆盖及各项措施实施后的植被覆盖分布情况分别如图5-14～图5-19所示。

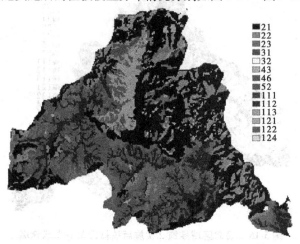

图5-14 研究区域原状植被覆盖分布示意图

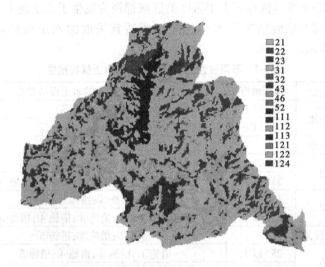

図 5-15　研究区域措施①実施后植被覆盖分布示意図

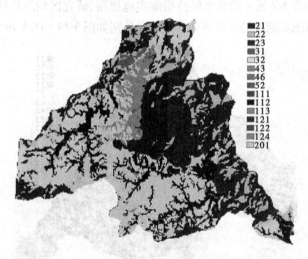

図 5-16　研究区域措施②実施后植被覆盖分布示意図

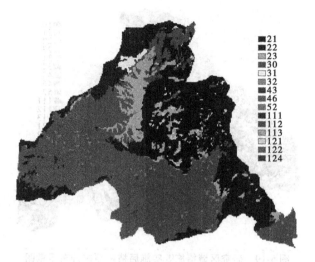

图 5-17　研究区域措施③实施后植被覆盖分布示意图

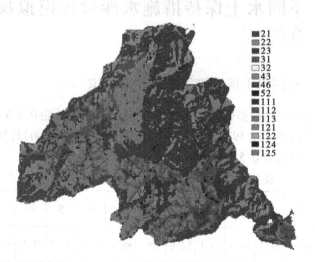

图 5-18　研究区域措施④实施后植被覆盖分布示意图

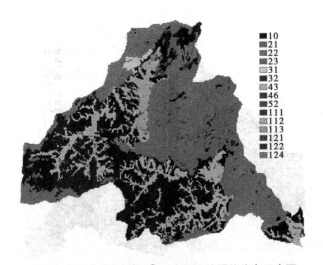

<table>
<tr><td>10</td></tr>
<tr><td>21</td></tr>
<tr><td>22</td></tr>
<tr><td>23</td></tr>
<tr><td>31</td></tr>
<tr><td>32</td></tr>
<tr><td>43</td></tr>
<tr><td>46</td></tr>
<tr><td>52</td></tr>
<tr><td>111</td></tr>
<tr><td>112</td></tr>
<tr><td>113</td></tr>
<tr><td>121</td></tr>
<tr><td>122</td></tr>
<tr><td>124</td></tr>
</table>

图 5-19　研究区域措施⑤实施后植被覆盖分布示意图

5.4　不同水土保持措施水沙效应模拟及结果分析

5.4.1　不同水土保持措施水沙效应模拟

在进行产沙模拟时,要用到研究区域各月最大可能 0.5 h 降水量。本书利用白沙岭站 1970～2004 年降水观测资料及式(3-6)计算出杨树坪流域各月最大 0.5 h 可能降水量(mm),如表 5-8 所示。

表 5-8　研究区域各月最大可能 0.5 h 降水量　　　(单位:mm)

月份	1	2	3	4	5	6	7	8	9	10	11	12
降水量	40.1	54.5	53.3	89.1	83.8	94	88.4	76.021	84.3	78.8	51.7	55

模拟时各措施所对应的土壤侵蚀因子 C 值,按照江西省德安县境内的水土保持科技园区的试验观测值进行取值,各措施作物管理及植被因子 C 值取值如表 5-9 所示。模拟时,水文模型中的植被因子取值

处理方法如下:措施③按照林地处理,措施⑤及措施①按照高盖度草地处理,措施②按照经济果林处理,措施④按照旱耕地处理,取相应的植被因子值。措施①中有梯田,措施④中有横坡间作,根据修正通用土壤流失方程中水土保持因子的定义,根据试验区观测资料,这两种措施的水土保持因子 P 分别取为 0.045 及 0.8。

表 5-9　各措施 C 因子取值

措施编号	措施⑤	措施④	措施③	措施②	措施①
C 值	0.008 9	0.035	0.009 1	0.474 8	0.008 7

采用 1993～1995 年杨树坪站径流、泥沙观测资料及杨树坪站以上 8 个水文站的降水观测资料,利用本书提出的分布式水沙耦合模型,对原下垫面及不同措施实施后的情况进行流域径流和输沙过程模拟,然后分析措施实施前后水沙过程的变化,得到不同水土保持措施对年内各月径流量、年径流总量以及地表径流与地下径流比例的影响;不同措施对年内各月及年输沙总量的影响,模拟结果如图 5-20、图 5-21 所示,结果分析如表 5-10～表 5-15 所示。

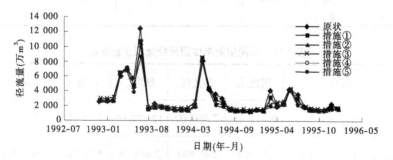

图 5-20　研究区域不同措施实施后径流变化示意图

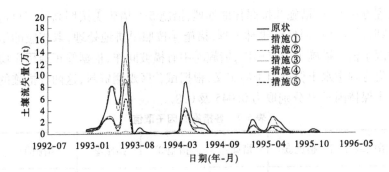

图 5-21　研究区域不同措施实施后泥沙过程变化示意图

表 5-10　不同措施单位面积泥沙减少量分析

项目	措施①	措施②	措施③	措施④	措施⑤
措施量(hm^2)	7 673.13	7 580.00	13 639.60	7 573.50	7 774.39
总减少量(t)	124 247.98	43 995.651	213 424.07	85 565.37	123 340.70
单位面积泥沙减少量($t/(hm^2 \cdot 年)$)	16.193	5.804	15.647	11.298	15.865

表 5-11　不同措施单位面积径流减少量分析

项目	措施①	措施②	措施③	措施④	措施⑤
措施量(hm^2)	7 673.13	7 580.00	13 639.60	7 573.50	7 774.39
总减少量(万 m^3/年)	938.016	595.584	2 086.56	624.384	1 026.219
单位面积径流减少量(万 $m^3/(hm^2 \cdot 年)$)	0.12	0.08	0.15	0.09	0.13

表 5-12　不同措施各月及全年土壤流失削减率分析　　（%）

月份	措施①	措施②	措施③	措施④	措施⑤
1	33.215	-2.435	92.627	21.293	30.508
2	37.706	28.269	97.508	38.595	42.622
3	38.040	9.734	95.748	31.214	43.944
4	52.291	-0.146	95.973	46.239	52.869
5	67.476	0.612	97.579	61.598	68.379
6	64.395	33.437	98.949	61.870	66.179
7	54.394	35.454	97.940	51.979	70.925
8	35.549	32.574	99.010	34.942	42.084
9	82.570	84.208	99.215	82.911	83.101
10	61.935	62.255	98.914	60.618	68.634
11	54.080	55.417	99.113	54.298	55.960
12	44.214	62.492	99.205	61.590	65.691
全年平均	56.756	20.097	97.492	47.926	56.342

表 5-13　不同措施各月及全年径流增量分析　　（%）

月份	措施①	措施②	措施③	措施④	措施⑤
1	11.51	12.57	22.86	12.12	23.53
2	-4.60	-3.79	-12.68	-3.50	-11.97
3	-6.27	-7.00	-3.47	-7.32	-7.15
4	0	-1.35	-2.70	0	-1.25
5	-2.02	-0.62	-3.90	-1.22	-2.58
6	-14.40	-14.47	-38.93	-14.95	-28.91
7	-16.98	-16.18	-22.86	-17.47	-21.00
8	12.19	14.50	27.02	15.32	27.42

月份	措施①	措施②	措施③	措施④	措施⑤
9	0.37	1.07	10.03	1.71	10.00
10	6.22	7.38	15.55	7.99	15.86
11	1.85	2.82	5.36	3.75	5.48
12	6.85	8.10	16.86	9.25	17.48
全年平均	-3.33	-2.11	-7.40	-2.22	-3.64

表 5-14　不同措施各月径流增量分析　（单位：万 $m^3/(hm^2 \cdot 月)$）

月份	措施①	措施②	措施③	措施④	措施⑤
1	0.026	0.028	0.029	0.027	0.032
2	-0.016	-0.012	-0.024	-0.012	-0.025
3	-0.019	-0.021	-0.006	-0.022	-0.013
4	0	0	-0.008	0	-0.004
5	-0.013	-0.004	-0.015	-0.008	-0.011
6	-0.041	-0.042	-0.064	-0.043	-0.058
7	-0.031	-0.034	-0.058	-0.035	-0.047
8	0.023	0.028	0.029	0.029	0.031
9	0.011	0.003	0.012	0.004	0.013
10	0.012	0.015	0.017	0.016	0.019
11	0.007	0.006	0.006	0.008	0.007
12	0.013	0.016	0.018	0.018	0.020

表 5-15   不同措施对流域径流组成的影响分析

措施	原状	措施①	措施②	措施③	措施④	措施⑤
地下径流、地表水比例	0.92	0.94	0.93	1.24	0.94	0.99

5.4.2   模拟成果分析

模拟结果显示,在本书中所采用的 5 种水土保持措施实施后流域年径流量都有所减少,伴随径流的减少,土壤流失也明显减少。其中,径流减少量顺序为:措施③ > 措施⑤ > 措施① > 措施④ > 措施②,单位面积减少的径流量由大到小分别为:措施③ > 措施⑤ > 措施① > 措施④ > 措施②。各措施都起到了减少土壤流失的效果,土壤流失减少量顺序为:措施③ > 措施⑤ > 措施① > 措施④ > 措施②,单位面积削减泥沙量由大到小的顺序为:措施① > 措施③ > 措施⑤ > 措施④ > 措施②。

由模拟结果可以看出,不同措施导致年径流量变化有所不同,且对年内径流量的调节效果也各不相同。主要原因是由不同措施对降水再分配过程及蒸散发过程的变化所引起的。

模拟结果显示,5 种措施中地下水所占比例都有所增加。而在流域水资源开发利用以及防洪中,地下水饱和出流量比例越大,说明流域对水资源的时空调控能力越强,越有利于水资源的合理开发利用,同时有利于防洪。从泥沙影响来看,措施②的水土保持效应不是很明显,因此就减少土壤流失来说,措施②不是一项很好的水土保持措施。

为了验证模型模拟的合理性,本书利用在江西省水土保持科技园区开展的试验资料对实施种草措施前后的径流变化进行了试验研究,以进行试验结果与模拟结果对比分析。

5.5 水土保持措施对降雨径流影响的试验研究

为了验证模型对径流影响模拟结果的合理性,研究在江西省水土保持科技园区标准小区对第16(百喜草100%覆盖处理)、18(裸露)小区进行试验观测,利用水量平衡分析对采取水土保持措施后降雨径流的变化进行了研究。

5.5.1 试验地概况

为了研究不同水土保持措施的水文泥沙效应,2000年在江西省水土保持科技园设立了18个径流泥沙观测试验小区,如图5-22所示。

图5-22 径流泥沙观测试验小区

江西省水土保持科技园紧邻修河中下游,地处江西省北部的德安县燕沟小流域,鄱阳湖水系博阳河西岸,位于 E115°42′38″~E115°43′06″,N29°16′37″~N29°17′40″,属亚热带季风区,气候温和,四季分明,雨量充沛,光照充足,且雨热基本同期。多年平均降水量 1 350.9 mm,受季风影响而在季节分配上极不均匀,形成明显的干季和湿季。7~9月高温少雨,最大年降水量为 1 807.7 mm,最小年降水量为865.6 mm。多年平均气温16.7 ℃,冬季最低气温零下 11 ℃,平均气温4.1 ℃,夏季最高气温不超过 40 ℃,平均气温28.7 ℃,年日照时数 1 650~2 100 h,多年平均无霜期为 249 d。园区水源主要来源于鄱阳湖水系博阳河和柘林灌渠八一分干水;博阳河多年平均流量为 20.5 m³/s,多年平均径流深616 mm,是科技园区内灌溉水源的有力保证。

科技园区居我国红壤的中心区域。其地层为元古界板溪群泥质岩、新生界第四纪红色黏土、近代冲积与残积物。地貌类型为低丘岗地,地势西北高、东南低,海拔一般在 30~100 m,坡度多在 5°~25°。土壤成土母质主要是第四纪红黏土红壤、泥质岩类风化物;土质类型主要为中壤土、重壤土和轻黏土;质地较黏而有滑感,颗粒组成中的黏粒含量占30%以上,粉粒/黏粒为 1 左右,细砂含量高,黏粒矿物组成以高岭石、水云母和水化黑云母为主,有一定量蛭石和少量石英、氧化铁等。酸性至微酸性反应,土壤中矿物营养元素缺乏,氮、磷、钾都少,尤其是磷更少。

由于受当地气候等因素的影响,植被为常绿阔叶林带。植物种类繁多,植被类型复杂多样。由于原始植被已不复存在,现存植被多为人工营造的常绿阔叶林、针叶林、针阔混交林、常绿落叶混交林、落叶阔叶林等。但由于长期不合理的采伐利用,地表植被遭到破坏,原生植被不断减少,植被发生逆行演替。现存植被主要是处于不同逆行演替阶段的次生群落,如荒草、灌木和沙地植被,以及人工营造或自然恢复的湿地松(*Pinus elliottii* Engelm.)、杉木(*Cunninghamia lanceolata* (Lamb.)Hook)、油茶(*Camellia oleifera* Abel)和次生林。植被覆盖率约为40%。主要乔木种有杉木、湿地松等;主要灌木树种有杜鹃(*Rhododendron simsii*)、继木(*Loropetalium chinensis.*)、金樱子(*Rosa laevigata*)等;主要草本植物有假俭草(*Eremochloa ophiuroides*)、狗尾草(*Setaria viridis* (Linn.)Beauv.)等。此外,还有野葡萄(*Paspalum notatum*)、葛藤(*Pueraria lobata*)等藤本、匍匐及攀缘植物种。人工林主要是经济果木林,主要包括柑橘(*Citrus reticulata* Bl.)、板栗(*Castanea mollissima*

Bl.)、奈李(*Prunus salicina* Lindl.)等。生态环境相当脆弱,水土流失十分严重,园区内有水土流失面积 68.5 hm²,占土地总面积的 85.6%。其中,轻度流失面积 33.5 hm²,占流失总面积的 48.9%;中度流失面积7.1 hm²,占流失总面积的 10.4%;强度流失面积 27.9 hm²,占流失总面积的 40.7%。年土壤侵蚀总量为 2 019 t,平均土壤侵蚀模数为 2 948 t/(km² · 年)。土壤侵蚀类型以水力侵蚀为主,在南方红壤丘陵侵蚀区具有典型的代表性。

试验区选择在山坡的中下部,坡面土层厚度大于 1.5 m 左右,土壤pH 为 5.0,有机质含量为 1.55%,全氮为 0.08%,全磷为 0.07%,全钾为 1.7%,C/N 值为 7.5,各项速效养分低,具有酸、黏、板、瘦等不良特性。

5.5.2 试验设计及试验方法

试验设计和试验方法直接决定了试验结果的合理性和可信程度,本地研究中试验设计与试验方法按照《水土保持试验规范》(SD 419—2007)进行。

5.5.2.1 试验设计

在同一坡面(坡度为 12°)上共并排布设置了 18 个 5 m × 20 m 标准径流试验小区。其中,植物措施 10 个,梯田 5 个,土壤渗流 3 个。

小区周边设置围埂,阻挡小区内外部径流交换。围埂高出地表 30 cm,埋深 45 cm。小区下面修筑横向集水槽,承接小区径流及泥沙,并由 PVC 管引入径流池,集水槽为长 5 m、净宽 30 cm、深 20 cm 的矩形槽。

径流池根据当地可能发生的最大暴雨和径流量设计成 A、B、C 三池,A 池按 1.0 m × 1.2 m × 1.0 m,B 池、C 池按 1.0 m × 1.2 m × 0.8 m 方形构筑。A 池在墙壁两侧 0.75 m 处、B 池在墙壁两侧 0.55 m 处设有五分法"V"形三角分流堰,其中 A 池正面 4 份排出,内侧 1 份流入 B 池。B 池与 A 池一样,其中正面 4 份排出,内侧 1 份流入 C 池。每个池都进行率定,池壁均安装有搪瓷水尺。

在径流池外侧下部设横向排水沟,通过过路涵管连通至下方水塘,以排泄径流池的放水。

1. 植物措施试验

共布设 10 个 5 m×20 m 标准径流试验小区,编号为 1～10。小区宽 5 m(与等高线平行),长 20 m(水平投影),其水平投影面积 100 m²。10 个标准径流小区分为 3 个试验区组,即牧草区组 6 个(1、2、3、5、6、7),裸露对照区组 1 个(4)及耕作措施区组 3 个(8、9、10)。除对照区外,每个小区栽植柑橘 12 株,由上至下种植 6 行,行距 3.0 m,每行 2 株,株距 2.5 m。各试验小区处理情况如下:

第 1 小区:百喜草全园覆盖,植被覆盖度 100%,植被结构为果树—草;

第 2 小区:百喜草带状覆盖,带宽 1.0 m,带状间隔 1.10 m,最大植被覆盖度 80%,植被结构为果树—草;

第 3 小区:百喜草带状覆盖,套种黄豆或萝卜,在每年 4 月中旬至 8 月中旬种植黄豆,8 月中旬至次年 3 月中旬种植萝卜,植被覆盖度保持在 95% 以上,植被结构为果树—草—经济作物;

第 4 小区:全园裸露,植被覆盖度 0,以供对照;

第 5 小区:阔叶雀稗草全园覆盖,植被覆盖度 100%,植被结构为果树—草;

第 6 小区:狗牙根带状覆盖,带宽 1.0 m,带状间隔 1.10 m,最大植被覆盖度 80%,植被结构为果树—草;

第 7 小区:狗牙根全园覆盖,植被覆盖度 100%,植被结构为果树—草;

第 8 小区:横坡间种,套种黄豆和萝卜,在每年 4 月中旬至 8 月中旬种植黄豆,8 月中旬至次年 3 月中旬种植萝卜,植被结构为果树—经济作物;

第 9 小区:纵坡间种,套种黄豆和萝卜,在每年 4 月中旬至 8 月中旬种植黄豆,8 月中旬至次年 3 月中旬种植萝卜,植被结构为果树—经济作物;

第 10 小区:柑橘清耕区,及时清除地面杂草,植被覆盖度 20%,植被结构为果树。

2. 梯田试验

布设 5 个 5 m×20 m 梯田试验小区,编号为 11~15。小区宽 5 m(与等高线平行),长 20 m(水平投影),其水平投影面积 100 m²,坡度均为 12°,每个小区栽植 2 年生柑橘 12 株,各区均设 3 个台面,梯角 75°,梯区平面 6 m×5 m,其他设计与标准径流试验小区同。试验小区处理情况如下:

第 11 小区:水平梯田,前埂后沟,埂坎高 0.3 m,顶宽 0.3 m,排水沟位于梯面内侧,沟深 0.3 m,宽 0.2 m,梯壁植百喜草,梯面植被结构为果树;

第 12 小区:水平梯田,梯壁植百喜草,梯面植被结构为果树;

第 13 小区:水平梯田,柑橘清耕,及时清除梯面和梯壁杂草,梯壁不植草,梯面植被结构为果树;

第 14 小区:内斜式梯田,梯面内斜,内斜坡度 5°,梯壁植百喜草,梯面植被结构为果树;

第 15 小区:外斜式梯田,梯面外斜,外斜坡度 5°,梯壁植百喜草,梯面植被结构为果树。

3. 土壤渗流试验

试验选择我国大陆首次采用的土壤水分渗漏装置,设 5 m×15 m 3 个处理小区,分别是百喜草覆盖、百喜草敷盖和裸露对照处理,小区编号 16~18。小区宽 5 m(与等高线平行),长 15 m(水平投影),投影面积为 75 m²,坡度均为 14°。

在观测房内的挡土墙处自上而下总共设置 4 个出水口,最上部为地表径流出水口,其他 3 个出口分别承接地表以下 30 cm、60 cm、90 cm 的壤中流和地下径流。地表径流池(A 池)和地下径流池都配置自记水位计(HCJ₁ 型),全天候记录径流和渗漏的动态过程。

地表径流池根据当地可能发生的最大暴雨和径流量设计成 A、B、C 三池,A 池按 1.0 m×1.2 m×1.0 m,B 池、C 池按 1.0 m×1.2 m×0.8 m 方柱形构筑。A 池、B 池在墙壁两侧设有五分法 60°"V"形三角分流堰,其中 A 池正面 4 份排出,内侧 1 份流入 B 池。B 池与 A 池一样,其中正面 4 份排出,内侧 1 份流入 C 池。3 个地下径流池池壁安装的量水尺能直接读数计算地下径流量,池外侧均设 1 个 20°"V"形三角堰,结合自记水位计及堰流公式计量渗流量。

在每个土壤入渗装置坡面的纵向中轴线上,离上坡边缘的 3.5 m、7 m 及 10.5 m 处各埋设 3 根土壤水分张力计,埋设深度分别为 30 cm、60 cm 及 90 cm,以计量各层土壤剖面的土壤水势,观测土壤中水分分布规律和地下径流动态变化情况。工程完工后,沉降一年,再进行观测。

试验小区处理情况如下:

第 16 小区:全园种植百喜草,覆盖度 100%;

第 17 小区:将百喜草刈割后覆盖于地表,覆盖度 100%,厚度约 15 cm;

第 18 小区:地表完全裸露,覆盖度 0,作对照用。

4.气象观测站

气象观测站建在距试验小区 100 m 处的空旷坡顶,面积为 12 m × 16 m,观测项目有降水、气温、地温、湿度、水面蒸发等内容。该气象站于 2000 年建成并投入运行,按照国家正规气象台站要求的常规气象要素观测方法进行观测。

安装虹吸式自记雨量计(型号 SJ_1)2 台(其中 1 台布设于径流试验小区处,距离最远径流试验小区 70 m)和雨量器 1 台以观测降水,其中人工雨量器作为校核补充;安装蒸发皿(型号 E—601)观测水面蒸发;安装大、小 2 个百叶箱,小百叶箱内设干球温度表、湿球温度表、最高温度表、最低温度表,大百叶箱内设自记温度计(DWJ_1),毛发湿度计(HJ_1),观测气温和空气湿度;安装地面温度表(WQG – 15),地面最高温度表(WQG – 13),地面最低温度表(WQY – 18)和曲管温度表 5 cm、10 cm、15 cm、20 cm(WQG – 16),观测地面及土层温度。

5.5.2.2　观测指标与方法

1. 降水

在试验小区旁设置两套虹吸式自记雨量计,获得次降雨量、日降雨量、次降雨历时及降雨场次,由此计算次降雨雨强。

2. 温度、湿度

每日 8 时、14 时、20 时对气象站百叶箱内的温度和湿度进行观测,根据自记温度计自记曲线所反映的每日 2 时、8 时、14 时和 20 时温度计算当日平均气温,再由最高气温和最低气温形成温度基本资料库;根据干球温度表和湿球温度表读数通过《湿度查算表》(甲种本,气象出版社,国家气象局编)查算湿度。

3. 地温

地面温度表、最高温度表、最低温度表以及 5 cm、10 cm、15 cm、20 cm 地温表于每日 8 时、14 时、20 时观测。

4. 蒸发

每日 8 时进行观测。

5. 渗流量

每天除土壤水分张力计 8 时和 14 时两个时间定点记录外,地下径流池水位等其他观测项目都以 8 时、14 时和 20 时三个时间定点进行记录。

6. 径流量

以一次产生径流的降雨过程为单位,直接读出径流池中水尺读数,根据式(5-1)计算。

$$R_{次} = R_{集水槽} + F_A + 5 \times (F_B + 5F_C) - P_{集水槽} - P_{径流池} \qquad (5-1)$$

式中:$R_{集水槽}$ 为集水槽内水量,一般为 0;F_A、F_B、F_C 分别为 A 槽、B 槽、C 槽内的水量;$P_{集水槽}$、$P_{径流池}$ 分别为集水槽和径流池所在位置的降雨量。

7. 次降雨土壤侵蚀量

当径流不足以过堰时,是在当次降雨过程结束后,先将池中水搅拌均匀,分三层汲取悬液于水样瓶中,并室内烘干称重得到悬移质质量;推移质是待池水放干,将径流池及集水槽中泥沙直接装入铁桶称重,同时取 3 份样本,于 150 ℃ 烘箱烘干称重得到的。当径流过堰时,悬移质是通过累加计算 3 个池中悬移质总量得出的。推移质同样累加 A、B、C 三个池和集水槽中推移质得出。最后,各自核算合并,即是次降雨的土壤侵蚀量。

8. 表土理化性质

物理性质：表层土壤的机械组成、含水量、容重、孔隙度(毛管孔隙度、通气孔隙度、总孔隙度)；化学性质：表层土壤中的有机质、全氮、全磷、全钾、碱解氮、速效磷、速效钾。测定方法：土壤容重、土壤孔隙度——环刀法；土壤含水量——烘干法；土壤颗粒组成机械组成——分析用吸管法；全氮——开氏消煮法；全磷——铝锑抗比色法；全钾——火焰光度计法；碱解氮——碱解扩散法；速效磷——氟化铵浸提铝蓝比色法；速效钾——乙酸铵提取法；有机质——重铬酸钾硫酸消煮法。

为满足对修河中上游区域的研究需要，本书选择以下几个小区进行研究：第 4 小区作为裸露对照；第 11 小区作为梯田区；第 5、6、7 小区作为水保林区；第 10、13 小区作为经济果林研究区；第 16 小区作为种草措施区。

5.5.3　水土保持措施对降雨径流影响的研究方法

试验对两个处理小区进行了观测，分别是百喜草覆盖处理和裸露对照处理。在修筑前选择一块地形、土壤等条件基本一致的坡地，按每层约 40 cm，分三层从上到下，将原土块取出，分别堆放。待全部取完土后，将试验小区的周围及底部采用 20 cm 厚的钢筋混凝土浇筑，坡脚修筑挡土墙，形成一个封闭排水式土壤入渗装置。为阻止水分进出小区，周边的围埂高出地表 30 cm，在下垫面再抹水泥浆和填约 5 cm 厚的砂粒，然后将土块按原样回填至 1.10 m 土深。每个处理小区面积为 5 m×15 m=75 m²，坡度恢复至原地面的 14°。挡土墙上建一承水槽，承接地表径流与泥沙。自上至下总共设置四个出水口，最上部为地表径流出水口，用塑胶管连接到径流池。径流池根据当地可能发生的最大暴雨和径流量设计成 A、B、C 三池，每池均按 1.0 m×1.0 m×1.2 m 方柱形构筑。A、B 两池在墙壁两侧 0.74 m 处装有五分法 60°"V"形三角分流堰，其中 A 池 4/5 排出，1/5 流入 B 池。B 池 4/5 排出，1/5 流入 C 池。每个池都进行率定，池壁均安装有搪瓷水尺，能直接读数计算地表径流量。每次产流后，取水样烘干，测出土壤侵蚀量。在地表以下 30 cm、60 cm 以及 105 cm 处，分别设置三个出水口，分别用塑胶管连接到静水池,并用自记水位计及20°"V"形三角堰量计渗流量。工程完工后,沉降一年,再进行观测。在每座土壤入渗装置坡面上,离上坡边缘的3.5 m、7 m及10.5 m处还埋设土壤水分张力计,埋设深度为30 cm、60 cm及90 cm量计各层土壤剖面的含水量。以观测地表径流和地下径流动态变化和土壤中水分分布规律。

水量平衡是指水分的输入、输出之间的平衡。输入部分是大气降水(P);输出部分有径流量(R_a),包括地表径流(R_s)和地下径流(R_g),还有蒸散量(E)和土壤内存储水量的变化(ΔW)。因此,水量平衡方程为:$P = R_a + E + \Delta W$。

(1)降水量的测定:在试验小区旁建立固定雨量点,采用虹吸式雨量计记录大气降水过程,以便求出降水量、降水强度等。

(2)地表径流和土壤侵蚀量的测定:通过径流池量测地表径流量,将其除以小区面积换算为地表径流深(mm),将地表径流深(mm)除以降水量(mm)得到地表径流系数(%)。

(3)地下径流的测定:地下径流(R_g)包括地表以下30 cm、60 cm、105 cm各层的渗漏量,本书采用R_s30、R_s60、R_s105分别表示30 cm、60 cm、105 cm土层深的渗漏量,即$R_g = R_s30 + R_s60 + R_s105$。采用测流堰装置,将各层渗漏量导入各自测流堰,采用上海气象仪器厂生产的HCJ_1型自记水位计记录渗漏过程,以便推求渗漏量、渗漏流量。流量计算公式为[136]

$$Q = \frac{8}{15}\mu \sqrt{2g}\tan\left(\frac{\theta}{2}\right)H^{2.5} \tag{5-2}$$

式中:μ为流量系数,取0.6;g取9.8 m/s²;测流堰顶角θ为20°;H为堰口水位高度,m。

所以,该公式可简化为$Q = 0.2498H^{2.5}$。故R_s30、R_s60、R_s105均可表达为[137,138]

$$R_{sx} = \sum_{i=1}^{n} 0.5(Q_1 + Q_2) \times t_i \tag{5-3}$$

式中:Q_1、Q_2分别为自记水位曲线上相邻两点水位高度H_1、H_2的流量,m³/s;t_i为相邻两点的时间差,s,$i = 1, 2, \cdots, n$,分别表示某一渗漏过程从 1,2,…,n 个相邻两点间的渗漏时段。

最后将地下径流量除以小区面积换算为地下径流深(mm),再将其除以降水量求出地下径流系数(%)。

(4)土壤含水量和土壤蓄水量的测定:采用土壤水分张力计(Tensymeter)测定上坡、中坡、下坡等坡位 30 cm、60 cm、90 cm 各土层深的土壤水势,通过烘干称重法测定土壤含水量,建立土壤水势与土壤含水量的相关关系率定方程,进而推求各坡位、土层深的土壤含水量,再通过公式 $W = 0.1 h_i f_i d_i$ [139] 推算各小区土壤蓄水量及其变化。其中,W 为 0~105 cm 土层的持水量,mm;h_i 为第 i 层土壤厚度,cm;f_i 为第 i 层土壤的含水量(质量百分数);d_i 为第 i 层土壤容重,g/cm³。

(5)蒸散量的测定:由于地表植被的物理蒸发和蒸腾量的测定,迄今为止还没有一个被大家接受的切实可行的方法。因此,本书各小区蒸散量的测定是应用水量平衡法。在水量平衡研究中,降水量、径流量和土壤蓄水量及其变化都可以直接测定,具体方法如前所述。因此,蒸散量 $E = P - R - \Delta W$。

5.5.4 措施区水量平衡分析

5.5.4.1 径流支出

百喜草覆盖处理区 2002 年降水量输入 1 808.5 mm,年径流量 1 245.24 mm,其中 1 220.78 mm 入渗到土壤中成为地下径流流出,其余 24.46 mm 是以地表径流形式输出处理小区。总之,该小区以径流这种液态水形式支出的水量占大气降水量的 68.85%,是小区水量输出的最大项。

5 月随着降水量达到最大值 385.5 mm,总径流量也出现最大值 345.05 mm,总径流系数为 89.51%,仅次于 11 月的最大值 90.83%。10 月的降水量为 81.3 mm,虽然不是最小,但由于已进入干季,蒸散发量较大和土壤失水,所以该月的总径流量、总径流系数均为最小,分别为 11.0 mm 和 13.53%。

5.5.4.2 蒸散支出

根据水量平衡方程计算出该处理小区各月的蒸散发量,结果见

表 5-16,年蒸散量 562.74 mm,意味着年降水收入中 31.12% 的水量以汽态形式返回了大气,是小区水量输出的第二大项。从 2002 年度水量平衡主要分量的月变化可以看出,总径流量与降水量的月变化同步,而蒸散量有其自身变化趋势。1~7 月随着气温逐渐回升,除 5 月降水量最大和降水天数多导致蒸散发量(42.67 mm)减少外,百喜草生命活动趋于旺盛,小区蒸散发量持续增加,由 1 月的 17.70 mm 增加到 7 月的最大值 103.06 mm。6 月的蒸散发系数达到最大值 99.65%。8 月的蒸散发量仅次于 6 月、7 月的,为 77.56 mm。因为,此时为高温伏旱期,百喜草的新陈代谢旺盛,蒸腾作用加强,致使蒸散发量显著增加。11 月的蒸散发量、蒸散发系数均为最小,分别为 1.65 mm 和 1.81%,因为此时温度开始下降,百喜草的生长也已逐步转入休眠状态,蒸腾作用减

表 5-16　百喜草覆盖处理区各月蒸散发系数分析

月份	收入（mm）	支出（mm）			总径流系数（%）	土壤蓄水变化率（%）	蒸散发系数（%）
		总径流量	土壤蓄水变化量	蒸散发量			
1	53.1	34.17	1.23	17.70	64.35	2.32	33.34
2	32.1	13.45	-2.81	21.46	41.90	-8.75	66.85
3	129.0	107.22	-0.04	21.82	83.12	-0.03	16.91
4	378.0	328.03	-0.19	50.16	86.78	-0.05	13.27
5	385.5	345.05	-2.22	42.67	89.51	-0.58	11.07
6	86.5	20.14	-19.84	86.20	23.28	-22.94	99.65
7	191.1	94.12	-6.08	103.06	49.25	-3.18	53.93
8	166.9	72.97	16.37	77.56	43.72	9.81	46.47
9	90.2	32.09	-1.29	59.40	35.58	-1.43	65.85
10	81.3	11.00	4.37	65.93	13.53	5.38	81.09
11	91.4	83.02	6.73	1.65	90.83	7.36	1.81
12	123.4	103.98	4.29	15.13	84.26	3.48	12.26
总计	1 808.5	1 245.24	0.52	562.74	68.85	0.03	31.12

弱,加之百喜草的枯叶敷盖于地表,减少了地表的蒸发。可见植物蒸腾耗水量在小区蒸散发量中占有很大的比重。

5.5.4.3　土壤蓄水变化量

由表 5-16 可知,2~7 月出现土壤蓄水变化量为负的情况,即土壤处于失水阶段,说明这些月份土壤失水以弥补蒸散发和径流支出。2月的降水量在一年当中最小,而径流量与蒸散发量依然维持在一定的水平,4 月是由于 3 月降水量较大,土壤蓄水已达基本饱和状态,加之气温回升很快,土壤水分通过根系的吸收而大量蒸腾消耗,出现径流量与蒸散发量之和大于降水量的情况,土壤含水量不断下降,故土壤蓄水变化量为负,即土壤失水。6 月是由于 5 月降水量为 385.5 mm,在 2002 年度各月降水量中最大,致使土壤蓄水较多,而该月降水量 86.5 mm,显著减少,所以出现土壤失水最大的情况。9 月的降水量开始减少,而由于百喜草处于第二生长季节,蒸散发仍然维持在较高的水平,出现土壤失水,以弥补小区蒸散发与径流耗水。其余各月,土壤蓄水变化量呈正值,说明土壤处于蓄水阶段。

5.5.4.4　水量平衡分析

表 5-16 中的这种平衡是对降水量收入而言的平衡,即认为某月降水量有多少,它的总支出也就是多少,即总径流量、蒸散量和土壤蓄水变化量的总支出与各月的降水量相等。但实际从表中计算可以看出,在 2~7 月及 9 月,处理小区的总径流量与蒸散发量两项输出总和超过了当月的降水量,而在有些月份,降水收入却大于总径流量与蒸散发量输出,这似乎不好理解,但正是这一点揭示了剩余水量的去向和超支水量的来源,即土壤蓄水的变化,主要是土壤系统。尽管土壤的蓄水年变化和月变化都较小,但确实存在着有的月份土壤处于失水阶段,而有的月份则处于蓄水阶段。当降水量很大时,土壤贮留一部分水分;当降水量很小时,土壤又释放部分水分以补支出,反映出从降水输入到全部支出的时滞性。当土壤蓄水变化为增量时,增加的水量来源于大气降水,这部分水量将用于补给,是支出项;若为减量,土壤失水,这部分水量又需要补给,是应收入的水量。把土壤蓄水的收支分开来计算,可得到表 5-17 所示的水量平衡关系。

表 5-17 措施小区(16 小区)水量平衡分析

月份	收入 (mm)			支出 (mm)				支出/收入(%)
	降水量	土壤蓄水减量	总收入	总径流量	蒸散发量	土壤蓄水增量	总支出	
1	53.1		53.1	34.17	17.70	1.23	53.1	100
2	32.1	2.81	34.91	13.45	21.46		34.91	100
3	129.0	0.04	129.04	107.22	21.82		129.04	100
4	378.0	0.19	378.19	328.03	50.16		378.19	100
5	385.5	2.22	387.72	345.05	42.67		387.72	100
6	86.5	19.84	106.34	20.14	86.20		106.34	100
7	191.1	6.08	197.18	94.12	103.06		197.18	100
8	166.9		166.9	72.97	77.56	16.37	166.9	100
9	90.2	1.29	91.49	32.09	59.40		91.49	100
10	81.3		81.3	11.0	65.93	4.37	81.3	100
11	91.4		91.4	83.02	1.65	6.73	91.4	100
12	123.4		123.4	103.98	15.13	4.29	123.4	100
总计	1 808.5	32.47	1 840.97	1 245.24	562.74	32.99	1 840.97	100

从表 5-17 可以看出,该小区总收入 1 840.97 mm,实际收入 1 808.5 mm,其中 32.47 mm 是由土壤蓄水变化而产生的。支出的总水量 1 840.97 mm,实际支出 1 807.97 mm,有 32.99 mm 是由土壤蓄水变化引起的。实际支出水量占实际收入水量的比例非常接近 100%,收入仅大于支出 0.52 mm,正是这种土壤蓄水年变化量很小,即年际间水量的相互影响很小,保证了把 1 年作为一个水文年进行水量平衡研究的合理性。小区总收入和总支出均比实际的收支要大,可见,百喜草覆盖

处理的年水量平衡是一种收入对支出的补给和收支项目中可变性的动态平衡。

5.5.5 对照区水量平衡分析

5.5.5.1 径流支出

裸露对照处理区 2002 年降水输入 1 808.5 mm,年径流量 1 383.23 mm,其中 791.16 mm 入渗到土壤成为地下径流流出,其余 592.07 mm 是以地表径流形式输出处理小区。总之,该小区以径流这种液态水形式支出的水量占大气降水的 76.49%,是小区水量输出的最大项。4 月和 5 月总径流量与降水量最大,其中 5 月总径流系数最大,达93.20%;6 月次之,达91.37%,是因为 5 月降水量大,导致土壤蓄水处于饱和状态,故尽管该月降水量比较小(86.5 mm),但总径流系数却在一年当中居第二位。2 月的总径流系数最小,仅为 23.60%。

5.5.5.2 蒸散发支出

根据水量平衡方程计算出该处理小区各月的蒸散发量,结果见表 5-18,年蒸散量 413.82 mm,意味着年降水收入中 22.88% 的水量以气态形式返回了大气,是小区水量输出的第二大项。从 2002 年度水量平衡主要分量的月变化可以看出,总径流量与降水量的月变化同步,而蒸散发量有其自身变化趋势。1~4 月随着气温逐渐回升,小区蒸散发量持续增加,由 1 月的 26.68 mm 增加到 4 月的 57.04 mm。5 月因为降水量最大和降水天数较多,蒸散发量大幅度减少,为 28.25 mm。7 月蒸散发量达到最大值59.38 mm,因为此时降水量减少,气温较高,空气湿度低,地表的蒸发作用强烈。蒸散发系数是 2 月最大,达89.16%,主要是该月降水量最小,而蒸散发量却是 2002 年中最小值的4.49 倍。

5.5.5.3 土壤蓄水变化量

裸露对照处理小区土壤蓄水年变化量为 11.45 mm,占年降水量的比例为 0.63%。月变化亦较小,11 月土壤蓄水变化量最大,为17.27 mm;8 月次之,为 9.03 mm;4 月最小,为 0.03 mm;其余各月均为 0.03~17.27 mm。说明土壤水分比较稳定,蓄水变化量较小。

表 5-18　裸露对照区各月蒸散系数分析

| 月份 | 收入
（mm） | 支出（mm） | | | 总径流
系数
（%） | 土壤蓄水
变化率
（%） | 蒸散发
系数
（%） |
		总径流量	土壤蓄水 变化量	蒸散发量			
1	53.1	25.34	1.08	26.68	47.73	2.03	50.24
2	32.1	7.58	-4.10	28.62	23.60	12.76	89.16
3	129.0	86.05	5.32	37.63	66.70	4.12	29.18
4	378.0	320.93	0.03	57.04	84.90	0.01	15.09
5	385.5	359.30	-2.05	28.25	93.20	0.53	7.33
6	86.5	79.03	-7.45	14.92	91.37	8.62	17.25
7	191.1	131.17	0.55	59.38	68.64	0.29	31.07
8	166.9	129.56	9.03	28.31	77.63	5.41	16.96
9	90.2	47.35	-5.29	48.14	52.49	5.86	53.37
10	81.3	34.50	-7.45	54.25	42.44	9.16	66.72
11	91.4	67.75	17.27	6.38	74.12	18.89	6.99
12	123.4	94.67	4.51	24.22	76.71	3.65	19.64
总计	1 808.5	1 383.23	11.45	413.82	76.49	0.63	22.88

2 月由于降水量最小，而蒸发量则维持在较高的水平；4 月虽然降水量较大，但总径流量和蒸发量也很大；6 月降水量比前两月显著减少，而土壤含水量较高，总径流系数接近最大值。9 月、10 月的降水量开始减少，但气温较高，空气干燥，蒸发量较大，总径流量也持续在较高的水平。所以，2 月、5 月、6 月、9 月、10 月均出现土壤蓄水变化量为负的情况，即土壤处于失水阶段，说明这些月土壤失水以弥补径流和蒸发支出。其余各月均存在一定程度的土壤蓄水，特别是 11 月随着气温下降，蒸发量减少，土壤处于蓄水阶段的时间较长，导致土壤蓄水变化量达到最大值 17.27 mm。从土壤蓄水量的变化可以看出，土壤的失水阶段和蓄水阶段基本上是交替进行的，维持了土壤水分的稳定性。

5.5.5.4 水量平衡

表 5-18 中的这种平衡是对降水量收入而言的平衡,即认为某月降水量有多少,它的总支出也就是多少,即总径流量、蒸散发量和土壤蓄水变化量的总支出与各月的降水量相等。但实际从表中计算可以看出,在 2 月、5 月、6 月、9 月、10 月,处理小区的总径流量与蒸散发量两项输出总和超过了当月的降水量,而在有些月份,降水收入却大于总径流量与蒸散发量输出,这似乎不好理解,但正是这一点揭示了剩余水量的去向和超支水量的来源,即土壤蓄水的变化,主要是土壤系统。尽管土壤的蓄水年变化和月变化都较小,但确实存在着有的月份土壤处于失水阶段,而有的月份则处于蓄水阶段。当降水量很大时,土壤贮留一部分水分;当降水量很小时,土壤又释放部分水分以补支出,反映出从降水输入到全部支出的时滞性。当土壤蓄水变化为增量时,增加的水量来源于大气降水,这部分水量将用于补给,是支出项;若为减量,土壤失水,这部分水量又需要补给,是应收入的水量。把土壤蓄水的收支分开来计算,可得到表 5-19 所示的水量平衡关系。

表 5-19　裸露对照区水量平衡分析

月份	收入（mm）			支出（mm）				支出/收入（%）
	降水量	土壤蓄水减量	总收入	总径流量	蒸散发量	土壤蓄水增量	总支出	
1	53.1		53.1	25.34	26.68	1.08	53.1	100
2	32.1	4.10	36.2	7.58	28.62		36.2	100
3	129.0		129.0	86.05	37.63	5.32	129.0	100
4	378.0		378.0	320.93	57.04	0.03	378.0	100
5	385.5	2.05	387.55	359.30	28.25		387.55	100
6	86.5	7.45	93.95	79.03	14.92		93.95	100
7	191.1		191.1	131.17	59.38	0.55	191.1	100
8	166.9		166.9	129.56	28.31	9.03	166.9	100
9	90.2	5.29	95.49	47.35	48.14		95.49	100

月份	收入（mm）			支出（mm）				支出/收入（%）
	降水量	土壤蓄水减量	总收入	总径流量	蒸散发量	土壤蓄水增量	总支出	
10	81.3	7.45	88.75	34.50	54.25		88.75	100
11	91.4		91.4	67.75	6.38	17.27	91.4	100
12	123.4		123.4	94.67	24.22	4.51	123.4	100
总计	1 808.5	26.34	1 834.84	1 383.23	413.82	37.79	1 834.84	100

从表 5-19 可以看出，该小区总收入 1 834.84 mm，实际收入 1 808.5 mm，其中 26.34 mm 是由土壤蓄水变化而产生的。支出的总水量 1 834.84 mm，实际支出 1 797.05 mm，有 37.79 mm 是由土壤蓄水变化引起的。实际支出水量占实际收入水量的比例为 99.37%，收入仅大于支出 11.45 mm。正是这种土壤蓄水年变化量很小，即年际间水量的相互影响很小，保证了把 1 年作为一个水文年进行水量平衡研究的合理性。小区总收入和支出均比实际的收支要大。可见，裸露对照处理的年水量平衡是一种收入对支出的补给和收支项目中可变性的动态平衡。

5.5.6　对照区与水土保持区比较分析

由试验观测数据对两个研究小区进行对比分析，得到种草后蒸散发量的变化定量指标值，分析结果如表 5-20 所示，对比分析如图 5-23 所示。由表 5-20 可知，各处理的蒸散发量和径流量是小区水量平衡中的两个主要输出项，从降水输入到输出，地表径流的输出时间是最短的，这种短时间内的变化对小区造成水土流失的威胁也是最大的。因此，地表径流的大小、产流过程的特点在很大程度上反映了各处理措施对水文过程影响的程度。

表 5-20　处理区与对照区水量平衡比较分析

| 月份 | 收入（mm） | 处理 | 支出（mm） | | | 总径流系数（%） | 土壤蓄水变化率（%） | 蒸散发系数（%） |
			总径流量	土壤蓄水变化量	蒸散发量			
1	53.1	A	34.17	1.23	17.7	64.34	2.32	33.34
		B	25.34	1.08	26.68	47.73	2.03	50.24
2	32.1	A	13.45	-2.81	21.46	41.90	-8.75	66.85
		B	7.58	-4.10	28.62	23.60	-12.76	89.16
3	129.0	A	107.22	-0.04	21.82	83.12	-0.03	16.91
		B	86.05	5.32	37.63	66.70	4.12	29.18
4	378.0	A	328.03	-0.19	50.16	86.78	-0.05	13.27
		B	320.93	0.03	57.04	84.90	0.01	15.09
5	385.5	A	345.05	-2.22	42.67	89.51	-0.58	11.07
		B	359.30	-2.05	28.25	93.20	-0.53	7.33
6	86.5	A	20.14	-19.84	86.2	23.29	-22.94	99.65
		B	79.03	-7.45	14.92	91.37	-8.62	17.25
7	191.1	A	94.12	-6.08	103.06	49.25	-3.18	53.93
		B	131.17	0.55	59.38	68.64	0.29	31.07
8	166.9	A	72.97	16.37	77.56	43.72	9.81	46.47
		B	129.56	9.03	28.31	77.63	5.41	16.96
9	90.2	A	32.09	-1.29	59.4	35.58	-1.43	65.85
		B	47.35	-5.29	48.14	52.49	-5.86	53.37
10	81.3	A	11.0	4.37	65.93	13.53	5.38	81.09
		B	34.50	-7.45	54.25	42.44	-9.16	66.72
11	91.4	A	83.02	6.73	1.65	90.83	7.36	1.81
		B	67.75	17.27	6.38	74.12	18.89	6.99

注：A 表示百喜草覆盖处理；B 表示裸露对照处理。

月份	收入（mm）	处理	支出（mm）			总径流系数（%）	土壤蓄水变化率（%）	蒸散发系数（%）
			总径流量	土壤蓄水变化量	蒸散发量			
12	123.4	A	103.98	4.29	15.13	84.26	3.48	12.26
		B	94.67	4.51	24.22	76.71	3.65	19.64
总计	1 808.5	A	1 245.24	0.52	562.74	68.85	0.03	31.12
		B	1 383.23	11.45	413.82	76.49	0.63	22.88

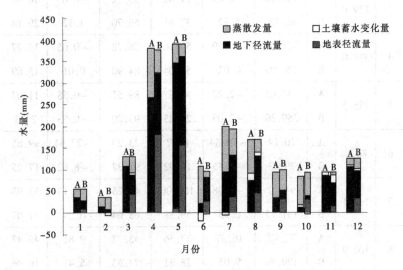

图 5-23　措施区与对照区水量平衡对比分析示意图

　　其中,1 月、8 月、11 月、12 月各处理均处于蓄水阶段;2 月、5 月、6 月、9 月各处理均处于失水阶段;3 月、4 月是百喜草覆盖处理处于失水阶段,裸露对照处理处于蓄水阶段,因为此时百喜草已开始生长,但气温不是很高,空气湿度较大,地表蒸发量不大,小区水分消耗主要是植物的蒸腾作用。

5.5.7 试验成果分析

对措施区与对照区进行分析的目的是得到水土保持措施对降雨径流影响的定量指标。由试验观测数据可以看出,对照区与措施区水量平衡分量的比例有较大差异。百喜草覆盖处理的年总径流系数为 68.85%,其中地表径流系数和地下径流系数分别为 1.35%、67.50%,蒸散发系数为 31.12%、土壤蓄水变化率为 0.03%;裸露对照处理的年总径流系数为 76.49%,其中地表径流系数和地下径流系数分别为 32.74%、43.75%,蒸散发系数为 22.88%、土壤蓄水变化率为 0.63%。说明措施后对降雨径流的分配产生了很大影响,地表径流比例在措施实施后明显减少,地下出流的比例明显增加。在蒸散发方面,实施种草措施后年蒸发量明显高于裸露区,蒸散系数由裸露区的 22.88% 增加到 31.12%,说明实施水土保持措施增加地表年蒸散发量,地表径流在总径流中的比例有所减少,但是年内各个月份影响不尽相同。

5.6 模拟结果与试验结果对比分析

因为科技园区 16 小区与模拟计算设定的措施⑤处理方式相同,因此将两者对径流的影响结果作对比分析,验证模拟结果的合理性。

由试验结果,措施区年径流减少量为 0.138 万 $m^3/(hm^2 \cdot 年)$,而模拟结果为 0.13 万 $m^3/(hm^2 \cdot 年)$。两者之间的差异主要由以下几个因素引起的:2002 年小区降水量为 1 808.5 mm,而模拟时段1993~1995年平均年降水量为 1 628.7 mm,试验时段年降水量大于模拟时段年降水量,引起年径流削减量的试验结果比模拟结果偏大;在试验区为了在土壤层 1.5 m 处用混凝土层隔离,对 1.5 m 以上的土壤进行开挖回填处理,回填后的土壤孔隙率,很可能比原状土壤有所增加导致土壤蓄水能力增强,从而引起径流削减量的增加;试验区的对照区是裸露小区,而模拟区域在措施实施前没有裸露区,因此模拟区域实施水土保持措施⑤前后土壤孔隙率的变化没有在试验区域那么大,从而导致了模拟结果比试验结果略小。考虑到这三个因素的影响,可以说模拟结果与试验结果是吻合的,论证了模拟结果的合理性及本书所建立的分布式水沙耦合模型的可靠性。

5.7　本章小结

详细介绍了研究区域——修河噪口水流域的自然地理概况、水土流失概况、植被覆盖情况、水文气象概况。对该区域的降水、径流、蒸散发特征做了详细的分析,对流域内的土壤类型分布以及各土壤类型的孔隙率、有机碳含量、黏粒、粉粒及砂粒的组成等物理化学性质做了详细介绍。

利用第 2 章提出的分布式水文模型及美国国家图像测绘局(NIMA)免费提供的分辨率为 90 m 的 DEM 数据对研究区域进行了数字流域的构建。利用 GIS 对研究区域进行了坡度分析,结合流域内植被覆盖及土壤流失分布状况,在设定的水土保持实施原则下对 5 种具体的水土保持措施进行了布置。

利用江西省水土保持科技园区水土保持措施 C 值的试验观测数据,以本书构建的分布式水沙耦合模型为工具,在杨树坪站以上流域对 5 种水土保持措施的水沙效应进行了模拟研究,得到了各措施水沙效应的定量指标值。结果显示 5 种措施中措施①减沙效果最好,达到了 16.193 t/(hm² · 年),措施②减沙效果最差,只有 5.804 t/(hm² · 年)。措施③削减径流效果最明显,达到了 0.15 万 m³/(hm² · 年),措施②削减径流效果最差,只有 0.08 万 m³/(hm² · 年)。

将措施⑤模拟结果与江西省水土保持科技园区试验观测结果做了对比分析。结果显示,年径流削减量的模拟结果为 0.13 万 m³/(hm² · 年),比试验观测结果 0.138 万 m³/(hm² · 年)略小,原因如下:试验时段年降水量 1 808.5 mm 大于模拟时段年均降水量 1 628.7 mm,引起年径流削减量的试验结果比模拟结果偏大;试验区土壤开挖回填处理导致土壤蓄水能力增强,从而引起径流削减量的增加;试验区的对照区是裸露小区,而模拟区域在措施实施前没有裸露区,因此模拟区域实施水土保持措施前后土壤孔隙率的变化没有试验区那么大,从而导致了模拟结果比试验结果略小。考虑到以上三种因素的影响,可以认为模拟结果与试验结果是吻合的,验证了模拟结果的合理性和模型的可靠性。

第6章　水土保持措施优化配置研究

目前,我国的流域水土保持措施优化配置模型很少将水土保持措施对径流的调控作用考虑进来[99]。原因是目前水土保持措施的水沙效应研究主要以标准小区坡面观测为主,少数用分布式水沙耦合模型进行流域水土保持措施水沙效应模拟的研究成果也主要集中在黄河流域,而黄河流域大部分属于干旱半干旱地区,地下水埋深较大,在这些区域实施水土保持措施只能减少流域径流量,对年内径流起不到调节作用。如第5章的模拟结果所示,在湿润的南方红壤水土流失区实施水土保持措施会起到减少汛期径流量、增加枯水期径流量的作用,根据此特点,本书构建了基于径流调控的水土保持优化配置模型,根据模型特点构建了基于遗传算法的多目标决策模型。

6.1　水土保持措施选择与配置的基本原则

6.1.1　因地制宜原则

在自然生态系统中,不同的地貌格局会形成特定的生物群体与其匹配,即所谓的地理生物群落型。地貌格局是特定生物种群生产出高生物量的发展边界,如突破地貌格局越区利用,不仅难以获得高而稳定的生产力,还会产生严重的生态灾难。因此,在水土保持措施选择的过程中就要根据当地实际的地形地貌选择相应的水土保持措施,以利于生成稳定的生态系统,从而使水土保持措施发挥最大的作用,地貌格局原则体现了人类在改造自然的过程中人与自然的和谐相处。

6.1.2　长远规划和短期需要相结合的原则

在水土保持措施选择的过程中,要根据当地现有经济社会发展水平以及生态环境状况,并结合当地农业、工业、生态环境的长远发展规划,做到立足当前,着眼长远,实现以短养长,长短结合;做到当前利益与长远利益相结合,局部利益与整体利益兼顾,生态、经济和社会三大效益同步发展。

6.1.3 最小土壤流失量原则

土壤是维持流域生态经济系统最基本的自然资源,没有土壤就没有生态系统的存在;保持水土、防治水土流失是建设流域生态工程的最直接的目的,也是实现经济持续发展的根本保障。因此,在进行水土保持措施选择时应尽量实现所采用的措施能够最大限度地减少土壤流失。

6.1.4 综合治理原则

流域生态系统是一个不同要素组成的整体。不同要素之间相互联系、相互影响,且这些要素的功能之间具有非加和性,即系统功能的总和不是各个要素功能的简单相加。因此,所采取的流域治理开发措施必须是综合的和优化的,才能形成综合生产力,实现以最小的优化措施投入、配置,而产生最大的生态效益、经济效益和社会效益。

6.1.5 治理与开发相结合原则

在流域水土保持综合治理的过程中,保持水土、防止水土流失是我们的直接目的,但是并不是最终目的,也不是唯一目的。治理水土流失是为了改善生态经济系统,使之更好地为人们生产和社会发展服务,因此在选择水土保持措施时,既要有治理措施,也要有开发措施,要以开发促治理,以治理保开发,寓开发于治理之中。

6.2 水土保持措施优化配置模型建立

小流域生态经济系统是一个由生态系统和经济系统相耦合的复合系统,是生态经济要素遵循生态经济关系的集合体。生态经济结构对系统状态有决定作用,结构是功能的基础,功能是结构的表现。一般来说,结构决定功能,功能量度结构,破坏了生态经济结构,就完全破坏了系统的总体功能。因此,结构模型设计的基本任务就是要根据生态学原理,从系统结构是功能的基础这一原理出发,进行流域系统总体结构优化设计。

6.2.1 目标函数选择

小流域水土保持综合治理的目标是实现水土保持的经济效益、社会效益和生态效益最大化。其中,水土保持措施生态效益可以用对径流的调蓄作用及对土壤流失的控制作用来表示,根据以上分析,我们确定以下3个目标函数:

(1)主汛期与其他月份径流量比值最小目标。水土保持措施有调节径流的功能,在南方红壤区的基本趋势是减少汛期径流量,增加非汛期径流量。基于径流调节的水土保持措施优化配置模型的目的就是在水土保持措施优化配置过程中,将其径流调节功能考虑进来。尤其是南方红壤水土流失区,降水量相对较多,缺水类型属于工程性缺水,也就是由于径流年内分配不均、工程调蓄能力差而引起的季节性缺水,因此在这些区域将水土保持措施的径流调节功能考虑在水土保持措施的优化配置模型中来,有利于区域水资源的开发利用,同时体现了水土保持措施因地制宜的原则。主汛期与其他月份径流量的比值越小,说明流域调蓄能力越强,该指标能较好地体现各措施对流域径流的调控能力。

(2)经济效益最大目标。此目标为了实现水土保持的经济效益最大化,一般来说,水土流失严重的区域农业生产基础比较薄弱,经济相对欠发达,因此在这些区域进行流域治理,经济目标是个重要的考虑因素之一。

(3)减少土壤流失量最大。流域治理最直接的目的就是减少土壤流失,因此年削减土壤流失量最大是水土保持措施优化配置模型中最基本的目标之一。

6.2.1.1 主汛期与其他月份径流量比值最小目标

不同的来水过程,水土保持措施对径流的影响是不同的,进行水土保持措施优化配置时只能按照多年平均的情况考虑,本书选择 50% 水平年的来水过程作为计算依据。设区域内有 C 种水土保持措施,第 k 种水土保持措施单位面积对第 i 月径流的增量为 y_{ik}, $k \in [1,C]$; $i \in [1,12]$,则该目标可表示为

$$\min f_1 = \frac{\sum_{i=4}^{7}\left[Q_i \sum_{k=1}^{C}(1 + m_k y_{ik})\right]}{\sum_{i=1}^{3}\left[Q_i \sum_{k=1}^{C}(1 + m_k y_{ik})\right] + \sum_{i=8}^{12}\left[Q_i \sum_{k=1}^{C}(1 + m_k y_{ik})\right]} \quad (6\text{-}1)$$

式中: Q_i 为第 i 月原状条件下来水量; m_k 为第 k 种水土保持措施的面积。

6.2.1.2 经济效益最大优化数学模型

$$\max f_2 = \sum_{k=1}^{C} B_k m_k \quad (6\text{-}2)$$

式中: B_k 为第 k 种水土保持措施的效益系数。

6.2.1.3 年泥沙减沙率最大目标数学模型

$$\max f_3 = \frac{\sum_{k=1}^{C} e_k m_k}{ero} \quad (6\text{-}3)$$

式中: e_k 为第 k 种水土保持措施单位措施削减泥沙量; ero 为原状条件下年土壤流失量。

决策变量为不同水土保持措施的实施面积。

6.2.2 约束条件的建立

6.2.2.1 减沙约束

各项措施总的减沙量不小于流域水土保持措施泥沙治理目标。

$$\sum_{k=1}^{C} m_k e_k \geqslant W_0 \quad (6\text{-}4)$$

式中: W_0 为土壤流失年减少量治理目标。

6.2.2.2 面积约束

各坡面水土保持措施控制的面积之和等于流域治理坡面总面积。

$$\sum_{k=1}^{c} m_k = S \tag{6-5}$$

$$m_k \leqslant \beta_k \tag{6-6}$$

式中：S 为规划治理的总坡面面积；β_k 为代表第 k 种水土保持措施的最大可规划面积；其他符号含义同前。

6.2.2.3 林地面积约束

根据表 5-7 水土保持规划原则，在林地产生水土流失的地区仅仅适合采取措施③，所以措施③实施面积不小于在林地上发生水土流失的土地面积。

6.2.2.4 非负约束

各决策变量应该大于或等于 0。

6.3 基于交互式多目标遗传算法的求解模型

在上述模型求解中，一个关键的问题是各种目标之间可能是冲突的，不可公度的，并影响到不同群体的利益，因此在面临各种约束条件的情况下，往往很难得到问题的最优解。众所周知，多目标优化问题的解是非劣解，一般没有唯一的最优解；多目标问题的最终决策，只能从非劣解中选出最佳的均衡解，从而最大限度地满足各个目标的要求。

求解多目标优化问题的技术之一是非劣解生成技术。直接生成非劣解方法的特点，最常用的是先将向量优化问题转化为标量优化问题，然后应用求解标量优化问题的现有方法，生成多目标问题的非劣解集；也有非劣解生成技术，如多目标单纯形法，就无须通过转化为单目标问题去求解。这类生成非劣解的所有方法，在生成非劣解后，都是由决策者从非劣解集中挑出最佳均衡解，并将其作为最终决策[140]。

多目标最优化问题从 Pareto 正式提出到 Johnsen 的系统总结，先后经过了六七十年的时间，但是，多目标最优化的真正兴旺发达，并且正式作为一个数学分支进行系统研究，是 20 世纪 70 年代以后的事。而多目标进化算法发展始于 80 年代中期,刚开始的模型通过一次运行可以同时寻找到多目标 Pareto 非劣解。近几年来,如何应用遗传算法(GA)、粒子群优化(PSO)、蚁群算法(ACA)等智能优化方法来求解复杂的带有多个约束条件的多目标优化问题成为该领域的研究热点之一。这些基于种群的智能多目标优化方法具有较高的并行性,尤其在求解多目标问题时,一次运行可以求得多个非劣解。

尽管如此,由于现实问题的复杂性,对于给定的问题往往很难确定合适的算法。而对于多目标优化而言,大部分方法都是采用针对某一主要目标,而将其余目标作为约束的策略来求解。本章将动态种群不对称交叉遗传算法应用到多目标优化当中,利用带权重的理想点法将多目标转化为单目标计算进化群体中各个个体的适应度,同时设置一个由非劣解组成的外部种群,对进化过程中产生的不可行解进行修正。算法利用进化过程中得到的非劣解不断更新外部种群,同时利用外部种群中的非劣解对进化种群中的不可行解进行修正,体现了进化系统与外部环境之间的相互作用。

6.3.1 多目标遗传算法的关键问题

6.3.1.1 多峰搜索和多样性维持

当所研究的问题是寻找非劣解集而不是单个最优解时,多目标进化算法必须进行多峰搜索,从整个 Pareto 最优解集中均匀地选出具有代表性的个体解。然而,一个简单的进化算法往往会收敛到单个解,从而丢失了很多解。在进化计算中,由于选择和重组算子的随机性质,种群存在"遗传漂移"现象。遗传漂移导致种群早熟收敛或收敛于单一个体,使进化算法不能有效地应用于多峰或多目标优化问题。为了解决这一问题,研究者们提出了许多方法,主要可以分为两类:小生境技术和非小生境技术。这两种方法都是为了保持种群的多样性,从而避免其过早地收敛。

小生境技术的优势是能够公式化并能维持稳定的子群体,在多目标进化算法中常用的是小生境技术为适应度共享技术。它的基本思想是来源于自然世界,在给定的小生境内,个体间需要共享它们有限的资源。因此,个体的适应度越差,表明其邻近的个体就越多。"邻近"是通过距离函数 $d(i,j)$ 来定义的,即所谓的小生境半径 σ_{share}。数学上,个体 i 共享适应度 s_i 等于普通意义上的适应度 f_i 除以聚集度,即

$$s_i = \frac{f_i}{\sum_{j=1}^{n} sh(d(i,j))} \tag{6-7}$$

个体的聚集度等于它自身与种群个体间的共享函数(sh)的和。通常的共享函数形式为

$$sh(d(i,j)) = \begin{cases} 1 - \left(\dfrac{d(i,j)}{\sigma_{share}}\right)^{\alpha} & d(i,j) < \sigma_{share} \\ 0 & d(i,j) \geqslant \sigma_{share} \end{cases} \tag{6-8}$$

式中: α 为控制共享函数形状的参数。

根据距离函数是基因型还是表现型,相应的有基因型共享和表现型共享。目前,大多数多目标进化算法采用适应度共享这一小生境技术。

在非小生境技术中,限制配对是多目标函数优化中最常用的方法,即两个个体只有在某一给定的范围之内才能进行配对。这一机制可以避免死亡个体的产生,从而可以改善在线性能,但是这一技术在多目标进化算法的研究中并不常用。

6.3.1.2 个体适应度计算

进化算法中选择操作就是在搜索空间的允许区域内进行搜索,它依赖于适应度函数。在多目标问题中,选择操作应该在 Pereto 最优解集前沿进行搜索。另外,这意味着个体的适应度值反映了与 Pareto 最优前沿的收敛性。因此,适应度的计算是多目标优化问题中的主要问题之一。

在多目标进化算法中,常用的有以下三种适应度计算方法:

(1)使用变化的参数进行标量化。该法中,参数的标量函数是适应度估计的基础,通过参数的变化,从而改变适应度函数,例如权重法。既然每个个体运用指定的权重组合来评价,所有的个体由不同的适应度函数来估计,从而在多个不同的搜索方向进行优化。但是,这类适应

度计算方法,特别是权重法,对非凸面的 Pareto 解集非常敏感。实际上,在权衡表面的那些凹区域中的点是不可能通过这种目标间线性组合法来生成的。

（2）根据不同的目标进行适应度估计。该法不需要将不同的目标聚合为一个标量,但需要根据不同的目标而变化。例如从种群中选取一部分个体对不同的目标进行适应度计算,或者根据指定的目标顺序进行选择个体。同样,这类适应度计算方法对凹的 Pareto 前沿非常敏感。

（3）基于 Pareto 支配关系的适应度计算。该法是 Goldberg 提出来的,他根据 Pareto 支配的思想,对所有的非劣解指定相同的复制概率。在他的方法中,个体通过循环的方式进行排序:第一次的所有非劣解的排序号为 1,并从种群中移除,下一次的非劣解的排序号为 2,以此类推。后来的研究者也提出了许多改进的方法,如个体的排序号等于它在种群中所支配的个体数等。基于 Pareto 的适应度计算的优点是与权衡表面的凹凸性无关,并且不需要任何的偏好信息。但是,随着目标的增多,搜索空间的"维数灾"问题将会影响算法的性能,单纯的基于 Pareto 的多目标进化算法有可能产生不了满意的非劣解集。

当然,也有一些多目标进化算法采用上述的混合适应度策略进行计算。

6.3.1.3 配对选择和环境选择

配对选择和环境选择是多目标进化算法中的两个主要环节。前者直接影响着种群的搜索如何向 Pareto 最优集逼近。那些被选中产生子代的个体进入配对池中,并指定相应的适应度,通常这种选择方式是随机的。而后者则决定着在进化过程中保留哪个个体。因为时间和存储资源的限制,在某一代的进化中只有部分个体能进入到配对池中,通常采用的是一种确定性的选择方式。

配对选择:每次进化过程中,通过两步来评价配对池中的个体。首先所有个体都要进行 Pareto 支配关系的比较:哪个个体支配哪个个体,哪个个体被支配,或者两者不相关。根据这些关系,从而决定进化池中个体的排序。然后,在考虑个体密集度的前提下,对排序作些改进。有多种相应的密集度估计方法来衡量某一个体所在区域的小生境大小。

环境选择:外部种群中保存着到目前进化为止产生的所有非劣解中具有代表性的个体,只有在下列几种情形下,个体才被移除:①个体被别的个体所支配;②超过最大群体规模或者非劣解前沿的某一区域个体过于密集,即个体在非劣解前沿分布不均匀。一般而言,只有在外部种群中保存的个体才有可能在进化中被保留下来。

原则上,配对和环境选择是相互独立的。前者是基于 Pareto 支配关系的,而后者可以用权重法计算适应度。然而,在许多多目标进化算法中,两者是以同一种方式进行的。

6.3.1.4 精简 Pareto 最优解集

在某一问题中,非劣解集可能相当大,甚至包含无穷多的解。在这种情形下,有必要剔除其中的一些非劣解,具体原因有:

(1)从决策者的角度看,当提供的非劣解超过一定的数目后,是没意义的。

(2)外部 Pareto 最优解集可能增长到种群数的几倍以上,所有相近的 Pareto 最优解的排序将会在一起,会降低选择压力,从而在很大程度上减慢搜寻的速度。

(3)被外部 Pareto 最优解集所覆盖的目标空间可以化分成多个子空间,每个子空间对应着非劣解集的一个子集。从优化的角度来看,所有的子空间大小应该相同,从而产生均匀分布的个体。然而,当外部 Pareto 最优集自身分布并不理想时,相应的子空间的大小可能变化很大。从而,个体的适应度计算对搜索空间中的某一区域可能有所偏好,从而导致种群分布的不平衡。因此,不仅仅要将 Pareto 最优解集维持在一个可操作的规模,更重要的是要产生一些有代表性的子集。

6.3.1.5 进化过程中不可行解的修复机制

由于遗传算法在进化过程中交叉和变异都带有一定的随机性,因此对于带约束的优化问题,进化后的子代群体会有不可行解的出现,因此对进化后的子代群体中的不可行解进行修复对于有约束的优化问题是必需的步骤,本书选择了利用生成的外部 Pareto 解集对子代群体中的不可行解进行修复。

6.3.2 基本算法流程及算法设计

基于 Pareto 强度的多目标遗传法的基本流程如下：

（1）产生一个初始化种群 P 及一个空的外部非劣解集 P'，复制在 P 中非劣解到 P' 中。

（2）将 P' 中被其他成员所支配的个体从 P' 中移除掉，若所得外部非劣解集中个体的数目超过一个最大值 N'，则删除多余的解。

（3）计算每一个在 P 及 P' 中个体的适应度函数值。

（4）随机地从种群和外部 Pareto 最优解集中挑选出个体进行二元竞争，从而进入到配对池中，直到配对池满。

（5）选择适合的交叉和变异机制，本书选择了基于动态种群不对称交叉算子进行交叉计算。

（6）对进化后的子代群体利用外部种群 Pareto 最优解集中的个体进行修正。

（7）假如到达了指定最大进化代数，则停止种群进化，输出最优解否则转到步骤（2）。算法流程如图 6-1 所示。

算法具体设计如下：

（1）编码方式。目前最常用的编码方式是二进制编码，对于多维函数和多极值函数，实数编码占有优势[141,142]，因此本书选择实数编码方式进行计算。

（2）进化种群的初始化。设有 C 种水土保持措施。设 $X = (x_1, x_2, \cdots, x_C)$ 是解空间的一个向量，上下限为 $x_i \in [x_{imin}, x_{imax}]$，则采用如下公式初始化种群 P：

$$x_i^0 = x_{imin} + r \times (x_{imax} - x_{imin}) \tag{6-9}$$

其中，变量 $r \in (0,1)$ 随机生成，然后对初始种群进行初始适应度的计算，同时将该初始种群中的非劣解拷贝到外部种群 P' 中去。

（3）进化种群的选择。对搜索种群和外部种群进行适应度计算，将其中最优秀的 5 个个体直接进入配对池。从外部种群的所有个体中，随机挑选出两个不同的个体，应用二元竞赛模式进行选择，即适应度高的个体将进入下代进化种群中。将选择后的个体放入配对池，直

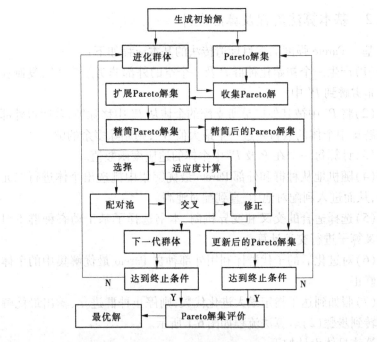

图 6-1　MOGA 算法流程

到配对池满。

（4）搜索种群的进化。在该阶段中，主要包括利用动态种群不对称交叉算子进行交叉（交叉算法如第 4 章所述）和评价两个步骤。

交叉模式采用邻近交叉，即目标空间的邻近个体进行交叉，从而进行全局搜索。因为目标空间中并不邻近的父代个体如果进行交叉，会影响搜索的效率。搜索方向相同的个体进行交叉，产生的后代个体与父代个体比较相近。Watanabe 的研究表明，邻近交叉策略在多目标进化算法中是非常有效的[143]。从进化种群中挑选出适应度相近的两个个体，利用动态种群不对称交叉算法进行交叉计算。

个体的评价主要包括目标函数的计算、约束情形以及是否可行。首先计算目标函数的值，并判断满足约束的情况。用 $P_k(X_i)$ 表示个体 X_i 的可行性，如果可行，$P_k(X_i)$ 等于 1，否则 $P_k(X_i)$ 等于 0。

（5）种群个体的修复。因为进化过程带有一定的随机性，因此进化后的群体可能出现不可行个体。假设个体 $X_j = (x_{j1}, x_{j2}, \cdots, x_{jc})$ 是不可行个体，则随机的从外部种群中选择一个 Pareto 最优解 $X_i = (x_{i1}, x_{i2}, \cdots, x_{ic})$，生成一个随机数 r 按照如下方式进行修正：

$$x'_{jk} = x_{jk} + r \times (x_{ik} - x_{jk}) \tag{6-10}$$

给定一最大修正次数 N，若修正 N 次后仍不满足，则直接用 X_i 代替 X_j。

（6）个体适应度的计算。主要包括个体联合排序、适应度的计算。

个体排序，即将进化种群 P 和外部非劣解集 P' 中的个体联合排序。每一个个体 $i \in P \cup P'$ 将根据本身在联合种群中所支配的个体数，而被指定一个实数 $S(i)$，称作强度（ $strength$ ），代表了它所支配个体的数目。

$$S(i) = |\{j | j \in P \cup P' \Lambda i > j\}| \tag{6-11}$$

$S(i)$ 代表了每个个体所支配的个体的个数，支配的个体越多表明该个体越优，则适应度函数可用式（6-12）表示

$$F(i) = S(i) \tag{6-12}$$

适应度越大，则该个体越优秀。但是对于本书基于径流调节的水土保持措施优化配置模型来说带有很多约束，因此适度函数中应该考虑个体的可行性。个体 i 的可行性可用下式表示

$$const(i) = rg \times P_k(X_i) \tag{6-13}$$

rg 是一个给定的负数，可根据函数具体情况而定。则适应度函数变为

$$F(i) = S(i) + const(i) \tag{6-14}$$

（7）优秀个体的保存。从进化种群和外部非劣解集中保留相应的优秀个体，从而更新外部非劣解集。

首先对联合群体中的个体进行排序，如果非劣解的个数小于或等于外部非劣解集规模数 N'，则排序在前 N' 的个体进入外部非劣解集中。若非劣解个数大于 N'，则需要对非劣解集进行精简，直到满足种群规模的限制。

剔除个体的步骤：首先计算非劣解集中两两个体间目标向量的距

离,并找出距离最近的两个个体。然后,分别比较这两个个体的目标向量与其余个体目标向量之间的距离,并按从小到大排序,剔除距离最小的两个个体中适应度较小者所对应的那个个体。在进行目标向量之间的距离计算时,由于各个目标单位不统一,各个目标应进行归一化处理。

(8)若没有达到限定的进化次数,则转步骤(3);否则,停止进化并输出相应的结果。

6.3.3 数值试验

考虑如下两个目标两个决策变量的线性问题:

$$\max(f(x)) = \max(f_1(x), f_2(x))$$

$$f_1(x) = 3x_1 + x_2$$

$$f_2(x) = x_1 + 2x_2$$

$$\text{st.} \begin{cases} -2x_1 - 3x_2 + 18 \geqslant 0 \\ -2x_1 - x_2 + 10 \geqslant 0 \\ x_1, x_2 \geqslant 0 \end{cases}$$

(6-15)

对于该问题,理论上分析其相应决策空间的端点是$(0,6)$和$(5,0)$,目标空间的端点是$(6,12)$和$(15,5)$。

用本书提出的算法对该问题进行求解,进化种群规模100,外部种群规模为200,进化代数为100次,动态种群不对称交叉算子中的繁殖次数为3,交叉概率为0.6,惩罚因子取-500,变量取值区间$x_1 \in [0,5]$,$x_2 \in [0,6]$,生成的决策空间的端点是$[4.997\,073, 0.012\,24]$和$[0.012\,529\,3, 5.991\,648]$,目标空间的端点是$[15.103\,44, 5.021\,522]$和$[6.029\,233, 11.995\,82]$。

图6-2及图6-3显示了生成的非劣解集及相应的目标值空间分布图,由图中可以看出,实际生成的非劣解充满整个非劣解空间,且非劣解分布比较均匀,说明该算法能够较好地找到非劣解,证明了该算法的实用性。

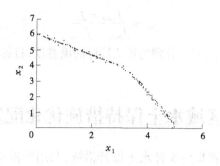

图 6-2　决策空间非劣解区域示意图

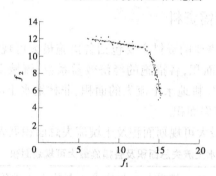

图 6-3　目标空间可行区域示意图

6.3.4　非劣解集的评价

如前所述,基于 Pareto 强度的多目标非劣解生成技术,可以较好地生成具有代表性的一定数量的非劣解。对这些非劣解进行评价,进而求得最能使决策者"满意"的解或方案。评价内容主要包括单目标满意度区间、各目标值区间、各变量取值区间,在获得这些信息之后由决策者根据具体情况进行决策。对于求极大值的目标其单目标满意度计算公式为

$$\rho_i = \frac{f_i - f_{i\min}}{f_{i\max} - f_{i\min}} \tag{6-16}$$

对于求极小值的目标其单目标满意度计算公式为

$$\rho_i = \frac{f_{i\max} - f_i}{f_{i\max} - f_{i\min}} \qquad (6\text{-}17)$$

式中：ρ_i、f_i、$f_{i\max}$、$f_{i\min}$ 分别为第 i 目标的满意度、目标值、目标最大值及目标最小值。

6.4 研究区域水土保持措施优化配置

采用本书中模拟的 5 种水土保持措施,利用模拟结果对杨树坪流域进行水土保持措施优化配置计算。

6.4.1 模型所需资料

求解模型所需要的资料主要包括各措施最大可规划面积,流域发生水土流失的总面积,各措施的经济效益系数,流域土壤流失治理目标,流域内的人口、耕地水土流失的面积、非林地水土流失的面积以及 $25°$非林地水土流失面积。

（1）各措施最大可规划面积及土壤流失总面积见表 6-1。

表 6-1 水土流失总面积及各措施最大可规划面积 （单位:hm^2）

措施	措施①	措施②	措施③	措施④	措施⑤	总面积
措施量	7 673.1	7 580	13 639.6	7 573.5	7 774.39	13 639.6

（2）各措施年经济效益系数如表 6-2 所示。

表 6-2 不同措施的年经济效益系数表

（单位:元/($\text{hm}^2 \cdot$年)）

措施	措施①	措施②	措施③	措施④	措施⑤
效益系数	4 348	4 268	540	1 045	900

（3）流域治理目标。流域治理目标是平均年泥沙输出削减率不小于 55%,流域多年平均泥沙输出量为 776.7 t/km^2,则多年平均输沙量为 265 631.4 t,相当于年泥沙削减量不小于 146 097.3 t,各措施单位面积泥沙削减量按照第 5 章模拟结果进行计算。

(4)由土壤流失遥感图,流域内林地发生水土流失的面积为5 865.21 hm²,因此措施③的面积不小于5 865.21 hm²。

(5)杨树坪站50%水平年各月来水量分配如表6-3所示。

表6-3　杨树坪站50%水平年各月来水量分配　　　（单位:万 m³）

月份	1月	2月	3月	4月	5月	6月	7月	8月	9月	10月	11月	12月
来水量	787	1 512	2 812	4 769	5 935	6 068	3 300	1 663	1 247	999	1 138	854

由此计算出50%水平年来水情况下主汛期与非主汛期径流量的比值为1.82。

(6)各单目标的最大值、最小值。在进行个体满意度评价时,需要输入各个单目标的最大值与最小值,此问题属于单目标求解。利用第4章的动态种群不对称交叉遗传算法得到各个单目标的最大值与最小值,如表6-4所示。

表6-4　各个单目标的最大值与最小值

项目	目标1	目标2(万元)	目标3
最大值	1.626	3 654.17	0.82
最小值	1.471	736.54	0.55

6.4.2　模型求解及成果分析

利用本书提出的多目标遗传算法对水土保持多目标优化配置模型进行求解,模型参数取值同数值试验。在计算出的非劣解集中,目标1、目标2、目标3的取值区间分别为[1.472 31,1.479 98]、[3 505.864 50,3 648.563 70]、[0.749 26,0.819 5];各目标满意度的取值区间范围分别是[0.929 95,0.998 14]、[0.949 17,0.998 08]、[0.738 21,0.998 11];措施①、措施②、措施③、措施④、措施⑤取值区间分别为[7 339,7 669]、[0,83]、[5 882,6 234]、[0,116]、[1,143],由以上评价结果可以看出目标1和目标2满意度较高,而目标3满意度变化范围较大但是泥沙削减率都在70%以上,各个目标值变化区间都较小,非劣解中各措施面积主要以措施①、措施③为主。

根据以上非劣解集的评价,在决策时应遵循以下两个原则:

(1)所选择的解应该是目标 3 满意度比较大的解。

(2)流域植被覆盖类型的多样性有助于流域内生态系统的健康发展,因此所选择的解应该是非劣解集中措施①、措施③面积之和较小的解。

首先选择目标 3 满意度在 0.95 以上的解,如表 6-5 所示,各个解对应的面积见表 6-6。

表 6-5   目标 3 满意度在 0.95 以上非劣解评价结果

非劣解	目标值 1	目标值 2	目标值 3	1 满意度	2 满意度	3 满意度
非劣解 1	1.478 19	3 607.113 00	0.816 60	0.953 632	0.983 871	0.987 392
非劣解 2	1.476 68	3 645.005 00	0.810 90	0.963 387	0.996 859	0.966 296
非劣解 3	1.477 10	3 627.230 50	0.816 35	0.960 671	0.990 767	0.986 487
非劣解 4	1.476 67	3 630.965 70	0.815 11	0.963 419	0.992 047	0.981 889
非劣解 5	1.476 64	3 520.888 70	0.817 61	0.963 613	0.954 319	0.991 148
非劣解 6	1.477 30	3 577.924 90	0.816 71	0.959 355	0.973 867	0.987 828
非劣解 7	1.476 75	3 606.551 90	0.816 09	0.962 903	0.983 679	0.985 528
非劣解 8	1.479 99	3 633.838 30	0.817 21	0.942 021	0.993 031	0.989 657

表 6-6   目标 3 满意度在 0.95 以上的非劣解

非劣解	措施①	措施②	措施③	措施④	措施⑤
非劣解 1	7 576	20	5 945	43	56
非劣解 2	7 663	39	5 932	5	1
非劣解 3	7 604	47	5 967	13	9
非劣解 4	7 668	3	5 939	21	9
非劣解 5	7 626	17	5 986	9	2

非劣解	措施①	措施②	措施③	措施④	措施⑤
非劣解 6	7 488	32	6 070	49	1
非劣解 7	7 603	2	5 996	38	1
非劣解 8	7 551	9	5 957	21	32

由表 6-6 可以看出,非劣解 1、非劣解 3、非劣解 8 各措施的面积组合相对于其他几个非劣解来说保证了流域植被覆盖类型的多样性,更有利于生态系统的健康发展,因此比其他几组解更优。而非劣解 8 中措施②及非劣解 3 中措施⑤面积太小不利于实施,因此选择非劣解 1 作为最终决策。

由结果可以看出,措施实施后流域泥沙输出量削减了 81.66%,主汛期径流量与其他月份径流量比值由原状条件下的 1.82 降低到 1.478 19,说明流域对径流的调控能力有所增强,措施实施后年经济效益达到了 3 607.1 万元,经济效益明显。

6.5　本章小结

在模拟出水土保持措施水沙效应定量指标值的基础上,建立了基于径流调控的水土保持措施多目标优化配置模型。根据研究区域降雨特点,将主汛期径流量与其他月份径流量比值最小作为优化模型目标之一,把水土保持措施对径流的调控作用耦合在水土保持措施的优化配置模型当中,在实现保水保土目的的同时,最大限度地发挥水土保持措施对流域径流的调控作用。

根据水土保持措施优化配置模型的特点,构建了基于 Pareto 强度的多目标遗传算法求解模型。该算法在得到非劣解集的基础上,通过对非劣解目标空间解的分布特征及各单目标满意度的分析向决策者提供决策信息,在此基础上结合水土保持措施优化配置的特点在决策时将流域植被覆盖的多样性作为决策的参考依据之一。

结合杨树坪流域的实际情况,以50%水平年来水过程为背景,利用第5章各水土保持措施水沙效应模拟结果所得到的各措施水沙效应定量指标值,对水土保持措施多目标优化配置模型进行了实证研究,得到了研究区域内各措施之间的最优结构比例。

第7章 结论与展望

7.1 结 论

人类活动影响水土流失的方式和类型多种多样,其中水土保持活动是最直接、最明显的,其影响机制和过程极其复杂。利用分布式水沙耦合模型对水土保持措施的水沙效应进行定量模拟,对客观认识流域水土流失规律及生态环境开发建设、保护与评价等研究有重要的理论意义,对水土保持规划、流域河道整治、减洪、减灾等生产和治理工作也有一定参考价值。

本书在半分布式水文模型 TOPMODEL 基础上建立了分布式水文模型,耦合修正土壤流失方程 RUSLE 建立了分布式水沙耦合模拟模型,以修河上游水土流失严重的杨树坪站以上区域为研究对象,在江西省水土保持科技园区试验观测数据的基础上对本书建立的模型进行了实证研究。

本书取得的主要研究成果及结论归纳如下:

(1)建立了网格化的分布式水文模型 GTOPMODEL。在半分布式水文模型 TOPMODEL 的基础上,将植被因子及土壤因子引入到地形指数的计算中,使地形指数能够对下垫面变化做出响应;通过归一化植被指数($NDVI$)与叶面积指数的统计关系模型,实现了冠层截留量的分布式计算;在原模型中以等流时带汇流方式改为网格汇流方式,改进后的模型能够反映下垫面变化对径流过程的影响。

(2)将 GTOPMODEL 与修正通用土壤流失方程 RUSLE 有机结合建立了分布式水沙耦合模型。利用研究区域的土壤、坡度分布图提取土壤可蚀性因子及地形因子,通过对作物管理及植被因子 C 计算模型中的参数 α 进行率定,得到了 C 值分布图。模型将网格产流作为土壤流失方程的径流因子,建立了分布式水沙耦合模型,实现了对流域产流产沙的分布式模拟。

(3)在 AVSWAT 2000 河道泥沙演进模型的基础上,将河道中的泥沙输出与径流输出同比例的假定进行了改进,根据泥沙进入河道的先后顺序依次输出,最后通过叠加得到河道断面日泥沙输出量。在研究区域的应用表明,模型参数率定时确定性系数由 0.83 提高到了 0.89,改进后的模型计算精度得到了提高。

(4)将动态种群不对称交叉遗传算法及实数编码加速遗传算法相结合,提出了动态种群不对称交叉加速遗传算法。数值试验显示从最优解的精度及寻找到最优解的概率两个方面改进后的遗传算法都优于原来的实数编码加速遗传算法。利用该算法对本书构建的水文模型参数进行了率定,率定时确定性系数达到了 0.94,预报时确定性系数达到 0.88,取得了较好的效果。

(5)以本书构建的分布式水沙耦合模型对 5 种具体的水土保持措施的水沙效应进行了模拟。模拟结果显示,在 5 种水土保持措施实施后流域年径流量、泥沙流失量都有所减少,其中径流减少量大小顺序为措施③>措施⑤>措施①>措施④>措施②;单位面积减少的径流量由大到小分别为措施③>措施⑤>措施①>措施④>措施②。各措施都起到了减少土壤流失的效果,土壤流失减少量顺序为措施③>措施⑤>措施①>措施④>措施②;单位面积削减泥沙量由大到小的顺序为措施①>措施③>措施⑤>措施④>措施②。

(6)利用江西省水土保持科技园区的试验观测结果对措施⑤的模拟结果做了合理性分析。分析显示,年径流削减量的模拟结果 0.13 万 $m^3/(hm^2 \cdot 年)$ 比试验观测结果 0.138 万 $m^3/(hm^2 \cdot 年)$ 略小,原因如下:试验时段年降水量 1 808.5 mm 大于模拟时段年均降水量1 628.7 mm;试验区土壤进行开挖回填处理导致土壤蓄水能力增强;试验区的对照区是裸地而模拟区域原状下垫面有植被覆盖,考虑以上 3 种因素的影响,可以认为模拟结果是合理的。

(7)在模拟出 5 种措施水沙效应定量指标值的基础上,构建了基于径流调控的水土保持措施多目标优化配置模型。根据研究区域降水特点将主汛期径流量与其他月份径流量比值最小作为优化模型目标之一,把水土保持措施对径流的调控作用耦合在水土保持措施的优化配置模型当中,在实现保水保土目的的同时,最大限度地发挥水土保持措施对流域径流的调控作用。

(8)根据水土保持措施优化配置模型的特点构建了基于遗传算法的多目求解模型,该算法在得到非劣解集的基础上,通过对非劣解目标空间解的分布特征及各个单目标满意度的分析向决策者提供决策信息,结合水土保持措施优化配置模型的特点在决策时将流域植被覆盖的多样性作为决策的参考依据之一,得到了流域水土保持措施多目标优化配置的最佳协调解。

本书主要创新点如下:

(1)在 TOPMODEL 基础上,建立了分布式水文模型 GTOPMODEL。模型将植被因子及土壤因子加入到地形指数的计算当中;由原来的等流时带汇流方式,改为网格汇流;通过 *NDVI* 与叶面积指数的统计关系模型,实现了植被冠层降雨截留的分布式计算,改进后的模型能够反映下垫面变化对流域径流过程的影响。

(2)在 AVSWAT 2000 河道泥沙演进模型的基础上,将河道中的泥沙输出与径流输出同比例的假定进行了改进,根据泥沙进入河道的先后顺序依次输出,最后通过叠加得到河道断面日泥沙输出量。在研究区域的应用表明,模型参数率定时,确定性系数由 0.83 提高到了 0.89,改进后的模型计算精度得到提高。

(3)将动态种群不对称交叉遗传算法与实数编码加速遗传算法相结合,提出了动态种群不对称交叉加速遗传算法。数值试验表明,改进后的算法从最优解的精度和寻找到最优解的概率两方面都比实数编码加速遗传算法有所提高,显示了算法的良好性能,将算法应用于水沙耦合模型的参数率定,取得了较好的效果。

(4)构建了基于径流调控的水土保持措施多目标优化配置模型。根据研究区域降雨特点将主汛期径流量与其他月份径流量比值最小作为优化模型目标之一,把水土保持措施对径流的调控作用耦合在水土保持措施的优化配置模型当中,在实现保水保土目的的同时,最大限度地发挥水土保持措施对流域径流的调控作用。

7.2　展　望

　　水土保持措施水沙效应模拟是一个非常复杂的过程,本书在前人研究成果的基础上构建了分布式水沙耦合模拟模型,在水土流失严重的修河流域杨树坪站以上区域利用构建的分布式水沙耦合模型对 5 种具体的水土保持措施的水沙效应进行了模拟,得到了各措施水沙效应的定量指标值,以此为基础构建了基于径流调控的水土保持措施多目标优化配置模型。结合本书的研究成果,在今后的工作中还需要在以下几个方面进行进一步的深入研究:

　　(1)为了反映不同生态模式对土壤的物理化学作用,本书根据前人研究成果,通过不同植被下与裸地土壤物理化学参数的比值来反映模型参数 S_{zm}、T_0、S_{rmax} 等对植被覆盖变化的响应。事实上,植被覆盖变化对土壤的物理化学作用要复杂得多,进而产生的水文效应也要复杂得多,而由于时间和水平的限制,作者没有对此作深入的研究。

　　(2)由于时间、资料的限制,没有能够将建立的分布式水沙耦合模型应用于南方红壤水土流失区更多的流域。由于不同流域下垫面植被覆盖及土壤类型差异较大,为了验证模型的可靠性、有效性和实用性,还需要在更多具有不同条件的典型流域上进行应用检验。

　　(3)水文模型之所以能够迅速发展起来并成为研究的热点,其中最主要的因素就是 GIS 技术的发展为描述下垫面水文要素在空间的复杂的分布提供了强有力的工具。另外,计算机技术和数值分析理论的不断发展为流域复杂的汇流过程提供了数值建模和求解的基础以及包括雷达测雨技术和卫星云图技术在内的遥感技术的进步,为获取降雨的时空分布创造了条件。但本书中还没有将水沙耦合模型和 GIS 实现完全集成,GIS 与水沙耦合模型是相互独立的,如何将两个系统有机地集成在一起尚需进一步研究。

参 考 文 献

[1] 熊治平. 我国江河洪灾成因及减灾对策探讨[J]. 中国水利,2004(7):41-42.

[2] 任海,彭少麟. 恢复生态学导论[M]. 北京:科学出版社,2001.

[3] 陈雷. 中国的水土保持[J]. 中国水土保持, 2002(7):4-6.

[4] Freeze R A, Harlan R L. Blue print for a physically-based digitally-simulated hydrological response model[J]. Journal of Hydrology, 1969, 9: 237-258.

[5] Abbott M B, Bathurst J C, Cunge J A, et al. An introduction to the European Hydrological System-Système Hydrologique Européen, "SHE",1:History and philosophy of a physically-based, distributed modelling system[J]. Journal of Hydrology,1986, 87: 45-59.

[6] Refsgaard J C,Storm B. MIKE SHE[C] // V P Singh,Computer Models of Watershed Hydrology,Chapter 23:809-846. Water Resources Publications,1995.

[7] Anderson J,Refsgaard J C,Jensen K H. Distributed hydrological modeling of the Senegal River Basin-model construction and validation[J]. Journal of Hydrology, 2001,247:200-214.

[8] Abbott M B,Bathurst J C,Cunge J A,et al. An introduction to the European Hydrological System-Système Hydrologique Européen, "SHE", 2: Structure of a physically-based,distributed modelling system[J]. Journal of Hydrology,1986,87: 61-77.

[9] Liu Z,Todini E. Towards a comprehensive physically-based rainfall-runoff model [J]. Hydrology and Earth System Sciences,2002,6(5):859-881.

[10] Freeze R A, Harlan R L. Blue print for a physically-based digital simulated hydrologic response model[J]. J. Hydrol. 1969(9):237-258.

[11] Kite G W. Computer Models of Watershed Hydrology, Colorado[M]. Water Resources Publications, 1995.

[12] Beven K J, Kirkby M J. A physically based variable contributing model of basin hydrology [J]. Hydrological Sciences Bulletin, 1979, 24(1): 43-69.

[13] Wigmosta M S, Vail L W, Lettenmier D P. A distributed hydrology vegetation

model for complex terrain[J]. Water Resources Research,1994,30(6):1165-1679.

[14] 夏军. 水文线性系统理论与方法[M]. 武汉:武汉大学出版社,2002.

[15] 沈小东,王腊春. 基于栅格数据的流域降雨径流模型[J]. 地理学报,1995,50(3):265-271.

[16] Neitsch S L, Arnold J G, Kiniry J R, et al. Soil and water assessment tool theoretical documentation Version 2000 [EB/OL]. http://www. brc. tamus. edu/swat.

[17] 胡建华,李兰. 数学物理方程模型在水文预报中的应用[J]. 水电能源科学,2001,19(2):11-14.

[18] 郭生练,熊立华. 基于DEM的分布式流域水文物理模型[J]. 武汉水利电力大学学报,2000,33(6):1-5.

[19] 任立良,刘新仁. 基于DEM的水文物理过程模拟[J]. 地理研究,2000,19(4):369-376.

[20] 杨大文,李种,倪广恒,等. 分布式水文模型在黄河流域的应用[J]. 地理学报,2004(1):143-154.

[21] 贾仰文,王浩,倪广恒,等. 分布式流域水文模型原理与实践[M]. 北京:中国水利水电出版社,2005.

[22] 芮孝芳. 流域水文模型研究中的若干问题[J]. 水科学进展,1997,8(1):94-98.

[23] 夏军. 分布式时变增益流域水循环模拟[J]. 地理学报,2003,58(5):789-796.

[24] 刘昌明,李道峰. 基于DEM的分布式水文模型在大尺度流域应用研究[J]. 地理科学进展,2003,22(2):437-445.

[25] 王中根,刘昌明. 基于DEM的分布式水文模型构建方法[J]. 地理科学进展,2002,21(5):430-439.

[26] 叶守泽,夏军. 水文科学研究的世纪回眸与展望[J]. 水科学进展,2002,13(1):93-104.

[27] 丁晶,土文圣. 水文相似和尺度分析[J]. 水电能源科学,2004,22(1):1-4.

[28] 陈仁升,康尔泗,杨建平. 水文模型研究综述[J]. 中国沙漠,2003,23(3):221-229.

[29] Jon C Helton. Treatment of uncertainty in performance assessments for complex systems[J]. Risk Analysis,1994,14(4):483-511.

[30] Beck M B. Water quality modeling A review of the analysis of uncertainty[J]. Water Resources Research, 1987, 23(8):1393-1442.

[31] 邵云. 沙棘人工林水土保持效益分析[J]. 辽宁林业科技,1995,4(4):62-64.

[32] 秦永胜,余新晓,陈丽华,等. 北京密云水库流域水源保护林区域径流空间尺度效应研究[J]. 生态学报,2001,21(6):913-918.

[33] 左长清,马良. 红壤坡地果园不同耕作措施的水土保持效应研究[J]. 水土保持学报,2004,18(3):12-15.

[34] 朱岐武,樊万辉,茹玉英,等. 皇甫川流域水土保持措施减水减沙分析[J]. 人民黄河,2003,25(9):23-27.

[35] 刘斌,冉大川,罗全华,等. 北洛河流域水土保持措施减水减沙作用分析[J]. 人民黄河,2001,23(2):12-14.

[36] 刘苏峡,张士峰. 黄河流域水循环研究的进展和展望[J]. 地理研究,2001,20(3):257-264.

[37] 贾绍凤. 黄土高原降雨径流产沙相互关系的研究[J]. 水土保持学报,1992,6(3):42-47.

[38] 冉大川. 黄河中游河口镇至龙门区间水土保持与水沙变化[M]. 郑州:黄河水利出版社,2000.

[39] 周明衍. 晋西入黄河流产沙规律和流域治理效果[J]. 水文,1991(S):21-25.

[40] 梁季阳. 黄土高原暴雨径流及产沙的分析模拟[J]. 水土保持学报,1992,6(2):12-16.

[41] 王孟楼. 陕北岔巴沟流域次暴雨产沙模型的研究[J]. 水土保持学报,1990,4(1):11-18.

[42] 王向东,谢树南,陈海迟. 皇甫川流域产流产沙数学模型及水沙变化原因分析[J]. 泥沙研究,1999(5):53-66.

[43] 张经之. 山东省河川径流还原计算方法及合理性论证[J]. 水文,1982(S):30-35.

[44] 徐雨清,王兮之. 遥感和地理信息系统在半干旱地区降雨—径流关系模拟中的应用[J]. 遥感技术与应用,2000,15(1):28-31.

[45] Vijay P, Singh. Computer models of watershed hydrology[M]. Water Resources Publications. Colorado,USA. 1995:1-22.

[46] 赵人俊. 流域水文模型:新安江模型和陕北模型[M]. 北京:水利电力出版

社,1984.

[47] 袁作新. 流域水文模型[M]. 北京:教育出版社,1990.

[48] Ewen J, Parkin G. Validation of catchment models for predicting land-use and climate change impacts[J]. J. Hydrology,1996,175:583-594.

[49] 王佩兰,郝建忠. 黄土地区小流域降雨径流模型探讨[J]. 水土保持学报,1988,2(2):40-48.

[50] 王佩兰. 陕北黄丘一副区小流域降雨径流模型研究[R]. 绥德:黄河水利委员会绥德水土保持科学试验站,1986.

[51] 加生荣,徐雪良. 黄丘(一)副区小流域产流产沙数学模型及其应用研究[R]. 绥德:黄河水利委员会绥德水土保持科学试验站,1992.

[52] 雒文生,胡春歧. 流域超渗—蓄满兼容产流模型的研究[C]∥黄河水沙变化研究基金会. 黄河水沙变化研究论文集(第五卷). 郑州:黄河水沙变化研究基金会,1993:343-350.

[53] 包为民. 中大流域水沙耦合模拟物理概念模型[J]. 水科学进展,1994,5(4):287-292.

[54] 郭生练,王国庆. 半干旱地区月水量平衡模型[J]. 人民黄河,1994(14):13-16.

[55] 王国庆,王云璋. 渭河流域产流产沙模型及径流泥沙变化原因分析[J]. 水土保持学报,2000,14(4):22-25.

[56] Beven K J. Future of distributed modeling[J]. Hydrological Process,1992(6):253-268.

[57] Meyer L D. Evolution of the universal soil loss equation[J]. J. Soil Water Cons,1984(39):99-104.

[58] Cook M F. The nature and controlling variables of the water erosion process[J]. Soil. Sci. Soc. Am. Proc,1936(1):60-64.

[59] Zingg A W. Degree and length of land slope as it affects soil loss in runoff[J]. Agric. Eng. ,1940(21):59-64.

[60] Smith D D. Interpretation of soil conservation data for field use[J]. Agric. Eng,1941(22):173-175.

[61] Wischmeier W H,Smith D D. Predicting Rainfall Erosion Losses from Crop land East of the Rocky Mountains. Agric. Handbook [S]. Washington, D. C. :USDA,1965:282.

[62] Wischmeier W H,Smith D D. Predicting Rainfall Erosion Losses- A Guide to

Conservation Planning [S]. Agric. Handbook. Washington, D. C. : USDA , 1978;537.

[63] Renard K G, Foster G R, Weesies G A , et al. Predicting soil Erosion By Walter: A Guide to Conservation Planning with the Revised Universal Soil Loss Equation (RUSLE) [R]. National Technical Information Service, United States Department of Agriculture (USDA),1997.

[64] Nearing M A, Lane L J, Alberts E E,et al. Prediction technology for soil erosion by water: Status and research needs[J]. Soil Sci. 1 Soc. 1 of Am. J,1990, 54 (6):1702-1711.

[65] Morgan R. The European Soil Erosion Model: an update on its structure and research base [C]// In:Rickson, R. (ed.), Conserving Soil Resources:European perspectives . CAB International, Cambridge, 1994, 283-299.

[66] De Roo A, Wesseling C G, Ritsma C G. L ISEM: A single-event,physical based hydrological and soils erosion model for drainage basin. I: theory, input and output [J]. Hydrological Processes,1996,10: 1107-1117.

[67] Rose C W, Williams J R , Sander G C ,et al. A mathematical model of soil erosion and deposition processes:I. Theory for a plane land element [J]. Soil Sci. 1 Soc. 1 of Am. J. ,1983,47 (5): 991-995.

[68] Yang C T. Unit stream power and sediment transport [J]. Journal of the Hydraulics Division, ASAE,98 (HY10), Proc. Paper 9295. 1972: 1805-1826.

[69] Bagnold R A. An approach to the sediment - transport problem from general physics [R]. U. S. Geol. Surv. Profl Paper, 1966: 422-437.

[70] Elliot W J, Laflen J M. A process-based rill erosion model [J]. Transactions of the ASAE,1993, 36(1): 65-72.

[71] Nearing M A, Simanton J R,Norton L D, et al. Soil erosion by surface water flow on a stony, semiarid hillslope [J]. Earth Surfl Process1 Landforms, 1999, 24: 677-686.

[72] Govers G. Relationship between discharge,velocity and flow area for rills eroding loose,non-layered materials [J]. Earth Surf. Process. Landforms,1992,17: 515-528.

[73] Gary Li,Abrahams A D. Controls of sediment transport capacity in laminar interrill flow on stone-covered surfaces[J]. Water Resources Research,1999,35(1): 305-310.

[74] Rauws G. Laboratory experiments on resistance to overland flow due to composite roughness [J]. J. Hydrol,1988,103;37-52.

[75] Abrahams A D, Gary Li, Parsons A J. Rill hydraulics on a semiarid hillslope, southern Arizona [J]. Earth Surf. Process. Landforms,1996,21; 35-47.

[76] Nearing M A, Norton L D, Bulgakov D A, et al. Hydraulics and erosion in eroding rills[J]. Water Resources Research, 1997, 33(4); 865-876.

[77] 张宪奎,许靖华. 黑龙江省土壤流失方程的研究[J]. 水土保持通报,1992, 12(4);1-9.

[78] 林素兰,黄毅. 辽北低山丘陵区坡耕地土壤流失方程的建立[J]. 土壤通报, 1997,28(6); 251-253.

[79] 牟金泽,孟庆枚. 降雨侵蚀土壤流失预报方程的初步研究[J]. 中国水土保持,1983(6);23-25.

[80] 金争平,史培军,侯福昌,等. 黄河皇甫川流域土壤侵蚀系统模型和治理模式[M]. 北京:海洋出版社,1992.

[81] 杨艳生,史德明. 关于土壤流失方程中 K 因子的探讨[J]. 中国水土保持, 1982(4);39- 42.

[82] 周伏建,陈明华,林福兴,等. 福建省土壤流失预报研究[J]. 水土保持学报, 1995,9(1); 25-30.

[83] 陈法扬,王志明. 通用土壤流失方程在小良水土保持试验站的应用[J]. 水土保持通报, 1992, 12(1); 23-41.

[84] 杨子生. 滇东北山区坡耕地土壤侵蚀的作物经营因子[J]. 山地学报,1999, 17(1);17-21.

[85] 谢树楠,王孟楼,张仁. 黄河中游黄土沟壑区暴雨产沙模型的研究[R]. 北京:清华大学,1990.

[86] 汤立群. 流域产沙模型的研究[J]. 水科学进展,1996,7(1);47-53.

[87] 蔡强国,王贵平,陈永宗. 黄土高原小流域侵蚀产沙过程及模拟[M]:北京:科学出版社,1998.

[88] 陈国祥,姚文艺. 降雨对浅层水流阻力的影响[J]. 水科学进展,1996,7 (1);42-46.

[89] 张光辉,卫海燕,刘宝元. 坡面流水动力特性研究[J]. 水土保持学报,2001, 15(1);58-61.

[90] 郑粉莉,唐克丽,周佩华. 坡耕地细沟侵蚀影响因素研究[J]. 土壤学报, 1989(26);109-116.

［91］ 张科利,唐克丽. 黄土坡面细沟侵蚀能力的水动力学试验研究［J］. 土壤学报,2000,37(1):9-15.

［92］ 曹问洪. 坡面流输沙能力的初步研究［C］//第二届全国泥沙基本理论研究学术讨论会论文集. 北京:中国建筑工业出版社,1995.

［93］ 武春龙,江忠善,郑世清. 安塞县纸纺沟流域土壤侵蚀遥感制图［J］. 水土保持通报,1990,10(4):3-12.

［94］ 徐国礼,周佩华,王文龙. 沟道侵蚀与地面遥感监测研究［J］. 水土保持学报,1991,5(2):22-24.

［95］ 付炜. 黄土丘陵沟壑区土壤侵蚀预测模型建立方法的研究［J］. 水土保持学报,1992,6(3):3-13.

［96］ 傅伯杰,汪西林. DEM 在研究黄土丘陵沟壑区土壤侵蚀类型和过程中的应用［J］. 水土保持学报,1994,8(3):17-21.

［97］ 江忠善,王志强,刘坚. 黄土丘陵区小流域土壤侵蚀空间变化定量研究［J］. 土壤侵蚀与水土保持学报,1996,2(1):1-6.

［98］ 吴礼福. 黄土高原土壤侵蚀模型及其应用［J］. 水土保持通报,1996,16(5):29-35.

［99］ 李成杰,许靖华,焦宝成. 水土保持优化配置及方法［J］. 水土保持科技情报,2004(6):11-12.

［100］ 刘侃. 牡丹江市麻花沟水土保持生态工程优化设计研究［D］. 哈尔滨:东北农业大学,2003.

［101］ 马力. 基于 GIS 水土保持动态规划方法研究［D］. 咸阳:西北农林科技大学,2003.

［102］ Fairfield J, Leymarie P. Drainage networks from grid digital elevation models ［J］. Water Resources Research,1991,27(5):709-717.

［103］ Costa-Cabral M C, Burges S J. Digital elevation model networks (DEMON):A model of flow over hillslope for computation of contributing and dispersal areas ［J］. Water Resources Research,1994,30(6):1681-1692.

［104］ Tarboton D G. A new method for the determination of flow direction and upslope areas in grid digital elevation models［J］. Water Resources Research,1997,33 (2):309-319.

［105］ Quinn P, Beven K, Chevalier P, et al. The prediction of hillslope flow paths for distributed hydrological modeling using digital terrain models［J］. Hydrological Processes,1991,5:59-79.

［106］ Freeman T G. Calculating catchment area with divergent flow based on a regular grid［J］. Computers & Geoscience,1991,17(3):413-422.

［107］ 熊立华,彭定志. 基于数字高程模型的等流时线推求与应用［J］. 武汉大学学报(工学版),2003,36(3):1-3.

［108］ 刘世荣,温光远,王兵,等. 中国森林生态系统水文生态功能规律［M］. 北京:中国林业出版社,1996.

［109］ 王库,史学正,于东升,等. 红壤丘陵区 LAI 与土壤侵蚀分布特征的关系［J］. 生态环境,2006,15(5):1052-1055.

［110］ Sivapalan M, Beven K,Wood E F. On hydrologic similarity, 1. A scaled model of storm runoff production［J］. Water Resource Research,1987,23 (12):2263-2278.

［111］ Creutin J D, Obled C. Objective analysis and mapping techniques for rainfall fields:an objective comparison［J］. Water Resources Research,1982,18(2): 413-431.

［112］ Richard Franke. Scattered data interpolation: tests of some methods［J］. mathematics of computation,1982,38: 181-199.

［113］ Caruso C,Quarta F. Interpolation methods comparison［J］. Computers and Mathematics with Applications,1998,35(12):109-126.

［114］ 唐德富,包中谟. 水土保持［M］. 北京:水利电力出版社,1991.

［115］ Wischmeier W H, Johnson C B, Cross B V. A soil erodibility nomograph for farmland and construction sites［J］. Journal of Soil and Water Conservation, 1971, 26:189-193.

［116］ Neitsch S P, Arnold J G, Kiniry J R, et al. Soil and Water Assessment Tool User's Manual Version 2000［M］. Texas: Texas Water Resources institute, 2002:229-230.

［117］ 马成泽. 有机质含量对土壤及其物理性质的影响［J］. 土壤通报,1994,25(2):65-67.

［118］ 张鼎华,翟明普,贾黎明,等. 沙地土壤有机质与土壤水动力学参数的关系［J］. 中国生态农业学报,2003,11(1):75-77.

［119］ 姜小三,潘剑君,杨林章,等. 土壤可蚀性 K 值的计算和 K 值图的制作方法研究——以南京市方便水库小流域为例［J］. 土壤,2004,36(2):177-180.

［120］ 吕喜玺,沈荣明. 土壤可蚀性因子 K 值的初步研究［J］. 水土保持学报, 1992(1):65-72.

[121] 哈德逊. 土壤保持[M]. 窦葆璋,译. 北京:科学出版社,1976.

[122] 蒋定生,黄国俊. 地面坡度对降水入渗影响的模拟试验[J]. 水土保持通报,1984(4):12-15.

[123] 陈发扬. 不同坡度对土壤冲刷量影响试验[J]. 中国水土保持,1985(2):24-30.

[124] 史景汉. 黄丘一区坡面土壤侵蚀规律研究[J]. 中国水土保持,1991(7):30-35.

[125] 席有. 坡度影响土壤侵蚀的研究[J]. 中国水土保持,1993(4):19-21.

[126] 韦中亚. 石家庄市土壤侵蚀定量评价研究[J]. 水土保持研究,1999(4):41-44.

[127] Wen-Tzu Lin. Automated Watershed Delineation for Spatial Information Extraction and Slopeland Sediment Yield Evaluation [D]. Doctoral Dissertation. Department of Soil and Water Conservation National Chung-Hsing University, 2002.

[128] 汪东川. 基于ARCGIS的坡面产流产沙过程模拟[D]. 重庆:西南农业大学,2005.

[129] 唐焕文,秦学志. 实用最优化方法[M]. 大连:大连理工大学出版社,1994.

[130] 陈宝林. 最优化理论与算法[M]. 北京:清华大学出版社,1989.

[131] 张金萍,刘杰,李允公. 一种动态种群不对称交叉的新型遗传算法[J]. 南京理工大学学报,2007,31(4):445-448.

[132] 曲中水,刘淑兰. 基本遗传算法的收敛性分析方法[J]. 哈尔滨理工大学学报,2003,8(1),42-45.

[133] 金菊良,丁晶. 遗传算法及其在水科学中的应用[M]. 成都:四川大学出版社,2000.

[134] Nash J E, Sutcliffe J V. River flow forecasting through conceptual models, 1. A discussion of principles [J]. Journal of Hydrology, 1970(10):282-290.

[135] Neitsch S L, Arnold J G, Kiniry J R, et al. Soil and Water Assessment Tool Theoretical Documentation Version 2000 [M]. Texas Water Resources Institute, College Station, Texas TWRI Report TR-191,2002.

[136] 申卫军,彭少麟,周国逸,等. 鹤山丘陵草坡的水文特征及水量平衡[J]. 植物生态学报, 2000, 24(2):162-168.

[137] 邓世宗,田永江,苏扬. 广西森林水文及流域治理论文集[M]. 北京:气象出版社, 1994.

[138] 周国逸. 生态系统水热原理及其应用[M]. 北京：气象出版社，1997.

[139] 孟广涛，郎南军，方向京. 滇中华山松人工林的水文特征及水量平衡[J]. 林业科学研究，2001，14(1)：78-84.

[140] 冯尚友. 多目标决策理论方法与应用[M]. 武汉：华中理工大学出版社，1990.

[141] 杨林根，周育人，陈阳. Pareto 强度值优化算法求解多目标优化问题[J]. 现代计算机，2005(27)：9-12.

[142] Kita H. A comparison study of self-adaptation in evolution strategies and real-coded genetic algorithms[J]. Evolutionary Computation，2001，9(2)：223-241.

[143] Shinya Watanabe, Tomoyuki Hiroyasu, Mitsunori Miki. Neighborhood cultivation genetic algorithm for multi-objective optimization problems[C]//Proceeding of the 4th Asia-Pacific Conference on Simulated Evolution And Learning(SEAL-2002)，2002：198-202.